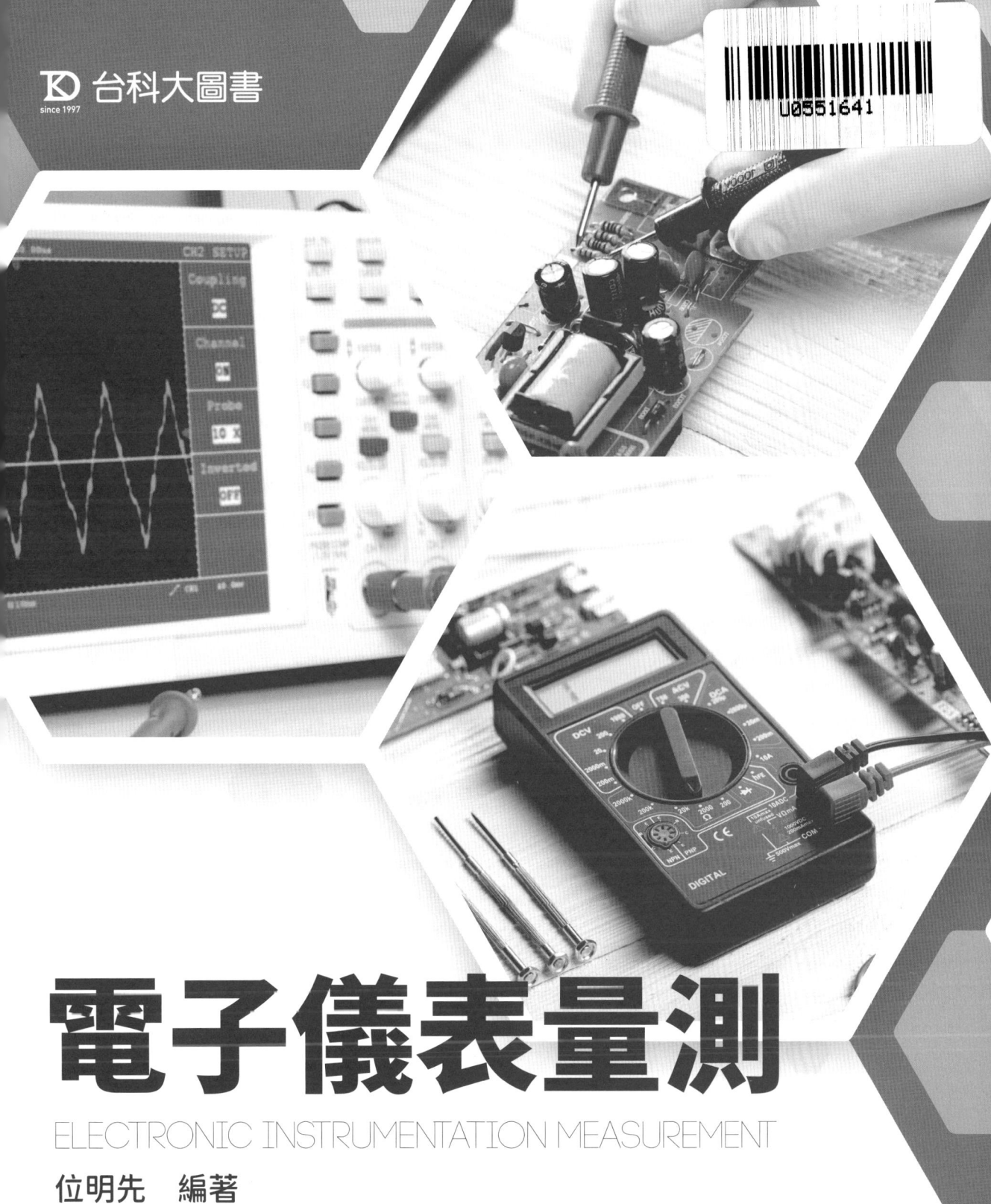

電子儀表量測
ELECTRONIC INSTRUMENTATION MEASUREMENT

位明先　編著

編輯大意

1. 本書全一冊，適合工業職業學校電機與電子群第二學年，第二學期 3 學分，每週 3 節講授之用。

2. 本書共分為七章：各章節內敘述電子電路常用基本儀表的種類與使用方法，以及電路基本物理量與特性測量。第 1 章測量概論，介紹測量應具備的基本知識；第 2 章電壓、電流測量與第 3 章波形與頻率測量，主要是介紹直流、交流訊號的測量；第 4 章為被動元件測量，說明電阻、電容及電感被動元件的數值與特性測量；第 5 章為功率、能量測量。第 6 章為常用半導體元件的特性測量；第 7 章則為放大電路的特性測量，除了概略說明各類測量電路及測量方法，同時也能讓讀者了解電子元件的規格與特性。

3. 本書章節編排循序漸進，由基本物理量開始到整體電子電路的量測為止，讓學習者能對電子儀表量測有系統性的了解。並且在介紹各種量測之前，先就所需使用的儀表特性及操作做說明，配合測量的實例說明，能讓學習者有更完整的測量概念。

4. 由於科技日新月異，許多功能強大、設計新穎、使用方便的新式儀表，使得測量的準確度與便利性不斷提昇。雖然量測的基本理論及概念的學習不可或缺，但本書另加入許多新式儀表的介紹，期望能讓學習者接觸到實用性更高的量測方法。

5. 本書每章後面附有重點整理與學後評量，期望能由教授者帶領，讓學習者藉由思考及討論題目的過程，對每一章節的內容能加以統合延伸。

6. 本書為基本學習教材，由於章節、篇幅及資料收集的限制，在電子儀表及量測的領域仍有許多深入的內容不及介紹。

7. 本書雖經編者悉心編寫，仔細校對，但錯誤之處在所難免，祈請各位先進學者能不吝指教是幸。

目錄

第 1 章　測量概論
1-1	測量概念	1-2
1-2	測量的單位	1-3
1-3	測量的標準	1-6
1-4	測量方法	1-9
1-5	電子儀表基本架構	1-11
1-6	儀表特性	1-13
1-7	誤差與校正	1-18
	重點掃描	1-24
	課後習題	1-25

第 2 章　電壓及電流測量
2-1	測量儀表基本原理	2-2
2-2	電壓測量	2-7
2-3	電流測量	2-18
	重點掃描	2-24
	課後習題	2-26

第 3 章　波形與頻率觀測
3-1	測量儀表基本原理	3-2
3-2	波形測量	3-6
3-3	波形值計算	3-28
3-4	X-Y（李賽氏 Lissajous 圖形）觀測	3-32
3-5	頻域測量（頻譜分析）	3-34
3-6	頻率測量	3-37
	重點掃描	3-39
	課後習題	3-41

第 4 章　被動元件測量

- 4-1　電阻器 …… 4-2
- 4-2　電容器 …… 4-10
- 4-3　電感器 …… 4-16
- 4-4　變壓器 …… 4-20
- 重點掃描 …… 4-23
- 課後習題 …… 4-24

第 5 章　功率、能量測量

- 5-1　直流功率測量 …… 5-2
- 5-2　交流功率測量 …… 5-4
- 5-3　高頻功率測量 …… 5-11
- 5-4　能量測量 …… 5-13
- 重點掃描 …… 5-15
- 課後習題 …… 5-16

第 6 章　半導體測量

- 6-1　二極體測定 …… 6-2
- 6-2　電晶體測定 …… 6-7
- 6-3　其他半導體 …… 6-14
- 重點掃描 …… 6-22
- 課後習題 …… 6-24

目 錄

第 7 章　放大電路特性測量
　7-1　輸入阻抗與輸出阻抗測量　　　　　　　　　　　7-2
　7-2　增益測量　　　　　　　　　　　　　　　　　　7-4
　7-3　頻率響應測試　　　　　　　　　　　　　　　　7-7
　7-4　失真測量　　　　　　　　　　　　　　　　　　7-9
　7-5　雜訊量測　　　　　　　　　　　　　　　　　　7-12
　重點掃描　　　　　　　　　　　　　　　　　　　　　7-14
　課後習題　　　　　　　　　　　　　　　　　　　　　7-16

附　錄
　附錄 A　電源供應器　　　　　　　　　　　　　　　附 -2
　附錄 B　信號產生器　　　　　　　　　　　　　　　附 -6
　附錄 C　習題簡答　　　　　　　　　　　　　　　　附 -11

1 測量概論

1-1 測量概念

1-2 測量的單位

1-3 測量的標準

1-4 測量方法

1-5 電子儀表基本架構

1-6 儀表特性

1-7 誤差與校正

1-1 測量概念

測量是指利用儀表將待測物理量轉換為可判讀的指示，以方便測量者獲得相關的資料。

簡單來說，使用直尺測量書本的長寬，就算是一種測量：待測量為長度，單位為 cm（公分），測量的工具（儀表）就是直尺。如果要正確的測量待測量，就得要選擇適當的儀表。若以測量桌面長度來說，使用直尺可能就不及使用捲尺來的方便；因為一般直尺長度僅有數十公分，若是桌面超過直尺的測量範圍，就得將多次測量的結果累計才能得到測量值，這樣不只過程繁複，誤差也會增加；而捲尺一般都有數公尺的測量值，一次就能測得桌面的長度，所以選擇捲尺來測量桌面就會比直尺適當。

各種不同的待測量，有各種不同的測量方法。本書中僅討論有關電子電路的物理量測量，以及相對應的儀表原理及使用。

電子電路相關物理量有電壓、電流、能量、功率，以及時間、頻率等。另外，像是各種元件的檢測、波形的指示、以及增益、頻率響應、失真度等電路特性參數測定，也都是電子電路常用的量度。這些不同的待測量必須配合各種電子儀表才能測量，所以不會使用儀表，無法獲知電路工作的結果。但如果使用錯誤的方法操作儀表，因而得到不正確的結果，則會誤導研究的方向、造成工作的不便，更甚而造成巨大的損失。因此，學習選用適當的儀表以及正確的使用方法，是從事電子工作不可或缺的專業能力。

1-2 測量的單位

單位（unit）用來指示測量數值的種類與性質。測量值必須加上單位的指示，才具有意義，不然，我們無法分辨 12V 與 12A 兩個物理量到底有何不同？因為就數值來看，兩者皆相同（都是 12）；只有加上了不同的單位，我們才能分辨出 12V 指的是值為 12 的電壓量，而 12A 指的是大小 12 的電流量。

目前國際間通用單位系統稱為國際單位制（Le Système International d'Unités，又稱 SI 制）。SI 制於 1954 年建立，並在 1960 年獲得國際度量衡會議（Conférence générale des poids et mesures, CGPM）同意採行。SI 單位制中有 7 項基本單位，分別為長度（公尺，m）、質量（公斤，kg）、時間（秒，s）、電流（安培，A）、溫度（克耳文，K）、光強度（燭光，cd）、物質量（莫耳，mol）。有關國際單位制的詳細內容可以參考國際度量衡局（Bureau international des poids et mesures, BIPM）官網：http://www.bipm.org/en/si/。其他常用的單位制還包括 MKS 制、FPS 制（英制）與 CGS 制等。

除了基本單位之外，其他由基本單位所衍生的單位稱為導出單位，例如：速度的單位（公尺/秒，m/s）即是由長度與時間基本單位根據速度的定義所計算而得，SI 制各導出單位關係可參考網站資料（http://www.nml.org.tw/components/com_article.asp?sm_id=41）。基本單位與導出單位的關係，可由因次（dimension）加以表示。在因次中 L 代表長度、M 代表質量、T 代表時間、I 代表電流，所以面積單位（平方公尺，m²）為例，若以因次表示則表示為 L^2。

▼ 表 1-1　為 SI 制中常用的電學單位及因次關係

物理量	符號	單位	單位符號	因次
磁　　通	ϕ	韋　伯	Wb	$L^2 MT^{-2} I^{-1}$
磁場強度	H	安培/公尺	A/m	IL^{-1}
磁通密度	B	特斯拉	T (Wb/m²)	$MT^{-2} I^{-1}$
電　　量	Q	庫　侖	C (A·s)	IT
電場強度	E	伏特/公尺	V/m	$LMT^{-3} I^{-1}$

電子儀表量測

▼ 表 1-1　為 SI 制中常用的電學單位及因次關係（續）

物理量	符號	單位	單位符號	因次
電　位	V	伏　特	V (W/A)	$L^2 MT^{-3} I^{-1}$
電　阻	R	歐　姆	Ω (V/A)	$L^2 MT^{-3} I^{-2}$
電　導	G	西門子	S (A/V)	$L^{-2} M^{-1} T^3 I^2$
電　容	C	法　拉	F (C/V)	$L^{-2} M^{-1} T^4 I^2$
電　感	L	亨　利	H (V·s/A)	$L^2 MT^{-2} I^{-2}$
功	W	焦　耳	J (N·m)	$L^2 MT^{-2}$
功　率	P	瓦　特	W (J/s)	$L^2 MT^{-3}$
頻　率	f	赫　茲	HZ (1/s)	T^{-1}

　　雖然目前各國都公認 SI 制為主要的國際單位制，但以往不同的單位制度，像是 FPS 制（英制）及 CGS 制，仍然常被使用，例如：美國製汽車功率常用英制的馬力（HP）表示，而德製汽車則使用 SI 制的千瓦（kW）；電子零件常用的尺寸標示除了 SI 制的公厘（mm），也常用英制的密爾（mil）。若所使用單位系統不同，有需要時則可以依照測量值單位與單位之間標準量的差異，互換得到相對應的測量值，不需要重新測量。不同單位間的互換可以非常容易在網上查詢，手機上也有很多單位互換的軟體可以使用，只要輸入對應的數值就能立即轉換。

例題 1

已知 1 HP（馬力）=746W（瓦），若汽車輸出 150HP 功率，應為多少瓦？

 P = 150×746 = 111900(W) = 111.9(kW)。

　　另外一種情況，是我們在使用單位時會發現單位量可能會太大或太小，例如：功率是以瓦特（W）為單位，一般 CMOS IC 所使用的功率很小，可能只有 0.000006W；而工業用電所使用的功率很大，可能需要 60000W。這樣的表示法，常會有許多無謂的位數出現，不僅冗長，也容易出現錯誤，故記錄數值時通常會改採用 10 倍數符號的表示法。以之前的例子來說：IC 的功率為 0.000006W = 6×10^{-6} W，可以寫成 6μW；而工業用電功率為 60000W = 60×10^3 W，則可以寫成 60kW，使數值的表示更為簡潔。

▼ 表 1-2　10 倍數符號

符號	10 倍數	唸法	符號	10 倍數	唸法
E	10^{18}	exa	d	10^{-1}	deci
P	10^{15}	peta	c	10^{-2}	centi
T	10^{12}	tera	m	10^{-3}	milli
G	10^{9}	giga	μ	10^{-6}	micro
M	10^{6}	mega	n	10^{-9}	nano
k	10^{3}	kilo	p	10^{-12}	pico
h	10^{2}	hector	f	10^{-15}	fmeto
da	10	deca	a	10^{-18}	atto

但是使用這樣的方式記錄數值，必須考慮有效位數，例如：數位電表讀數（顯示值）為1200V，表示4位有效位數，測量結果應記錄為 $1.200 \times 10^3 = 1.200\text{kV}$，而不能記錄為 1.2kV。因為，如果記成 1.2kV，只有2位有效位數，那表示「1200V」這後2位數「00」，僅僅代表「×100」這樣的意義，實際代表測量值的只有前2位數；但實際上這後2位數應該與測量值有關，是表示測量值是1200V，而非1201V或是1210V。此外，測量有效位數還與儀表的特性有關，在後續章節中另有介紹。

例題 2

試問 9 奈米（nm）應化為若干公尺（m）？若以公分（cm）為單位，其數值為何？

解 (1) $9 \text{ nm} = 9 \times 10^{-9} \text{ m}$；(2) $9 \text{ nm} = 9 \times 10^{-9} \text{ m} = 9 \times 10^{-9} \times 10^{2} \text{ cm} = 9 \times 10^{-7} \text{ cm}$。

隨堂練習

1. 單位用來指示測量數值的_____與_____。
2. 目前普遍的通用單位系統是_____制。
3. SI 制的單位系統可分為_____單位與_____單位。
4. $\dfrac{1}{1000}$ 公尺 (m) 的可使用 10 倍數符號寫為_____；
   1000 公克可寫為_____。

1-3 測量的標準

　　測量值必須配合單位才能代表特定的量。也就是說，單位也同時代表了這個特定量的基本數值，依這個單位測量出來的值都是這個基本值的倍數。例如：公尺（m）為長度單位，代表一定的長度；若標準跑道長度 400m，則代表跑道長度為這個特定長度（單位量）的 400 倍。那麼，到底多長才算是 1 公尺呢？如果彼此認定的 1 公尺長度不同，那在測量的結果上如何比較？所以，測量的標準非常重要。

　　以公尺的標準為例：最初定義為經過巴黎的四分之一經線（北極點至赤道）總長度的 1000 萬分之一。1799 年，法國依此定義製作了一個鉑製成的公尺原器（prototype）做為標準，代表原器從首端到尾端的距離即為標準的 1 公尺。1899 年重新製作一個由鉑銥合金製作的原器，其斷面為 X 型，如圖 1-1。於是重新定義 0°C 時該原器的長度為標準公尺，目前公尺的原器仍保存在法國巴黎的國際度量衡局（BIPM）總部。1960 年國際度量衡大會決定放棄以公尺原器為標準，採用氪 86 光譜作為測量依據，定義 1 公尺為氪 86 原子在 2P10 到 5d5 能階之間躍遷的輻射在真空中波長的 1650763.73 倍。而後，因為氪 86 不易取得，而在 70 年代光速的測定已非常精確，因此最新的公尺長度於 1983 年國際度量衡大會重新制定，定義光在真空中行進 1/299792458 秒的距離為標準公尺。而後續有關標準測定的雷射光種類及技術仍然持續在研究討論中，有關公尺標準的演進，可參考網站資料（http://www.bipm.org/en/si/history-si/evolution_metre.html），其他 SI 制標準相關的內容也能在 BIPM 官網內搜尋。

▲ 圖 1-1　公尺標準原器
（http://en.wikipedia.org/wiki/Meter）

當然，在我們要測量長度的時候，是不可能利用這樣的標準來測量，而是拉開捲尺，依照上面的刻度，讀出測量的數值；或者是利用雷射測距儀，對準要測量的位置，就能在儀器上讀出測量的長度。這樣的測量標準，當然不及使用光速來測量來的標準，但卻是實用的多。目前測量的標準依功能及應用的領域不同，可劃分為國際標準（international standards）、一級標準（primary standards）、二級標準（secondary standards）、工作級標準（working standards）。

1. 國際標準：代表測試單位所可能達到的最高標準等級。國際標準的維持由國際度量衡標準局負責，使用絕對測量方法建立或是以標準原器為基準。此項標準只用於與一級標準做比較與校正，一般測量並不使用這樣的標準。有關更多國際標準的資訊，可參考 BIPM 官網。

2. 一級標準：又稱為國家標準，其標準與國際標準相當，負責本國或某特定區域標準的校正。一級標準的維持由各國成立專門單位負責，例如：負責北美各國標準之美國國家標準局（NBS, National Bureau of Standards）、英國的 NPL、德國 PTR、日本 ETL 等，而目前我國國家標準是由國家度量衡標準實驗室（National Measurement Laboratory, NML）負責維護及校正，網址為 http://www.nml.org.tw/index.asp，NML 網站中有許多關於各項標準以及標準體系的建立與維護等相關資料。另外，經濟部標準檢驗局（MOEA），網址：http://www.bsmi.gov.tw/wSite/index.jsp，則是接受各項度量衡及國家標準的檢驗業務。

3. 二級標準：又稱為工業標準，使用在較具規模之工業機構及法人機構，例如：工業研究院，會自行建立標準檢驗單位，負責該機構所在區域內之工作標準的校正，此時採用的檢驗標準稱為工業標準。二級標準必須定期接受一級標準的比較與校正，以保持標準的一致性。

4. 三級標準：又稱為工作標準，在學校或是實地工作環境是依此標準來校正實驗室或產線用儀表，一般接觸到的標準大多屬於這一類。工作標準同樣也需要接受二級標準的比較與校正。

為了達成測量值標準的一致性，測量儀表都必須在固定時間內，依各適當級距標準值，在特定的檢驗實驗室或機構進行儀表的校正。有關電量的實際標準值，各國規範不盡相同，在表 1-3 列出美國國家標準局之部分規範做為參

考。而我國的電量標準認證資料可以在 BIPM 官網查詢（http://kcdb.bipm.org/AppendixC/EM/TW/EM_TW.pdf）。

▼ 表 1-3　美國國家標準局各級電量標準之準確度

	一級標準 範圍	一級標準 誤差	二級標準 範圍	二級標準 誤差	三級標準 範圍	三級標準 誤差
電阻	1Ω~100kΩ 1MΩ	1~7ppm 10ppm	10Ω~12MΩ	0.02%	100Ω~12MΩ	0.1%
直流電壓	0~1,200V	5~10ppm	0~1,200V	10~20ppm	0~1,200V	0.02%
交流電壓	0~1,200V 10Hz~1.2MHz	0.01%	1mV~1,200V 10Hz~1.2MHz	0.02~0.05%	1mV~1,200V 10Hz~100kHz	0.2%
直流電流	0~10A	0.02%	1~10A	0.1%	0~2A	0.3%
交流電流	2.5mA~20A 5Hz~100kHz	0.03%	0~10A 5Hz~20kHz	0.05%	0~2A 10Hz~100kHz	0.5%
頻率	10Hz~1GHz	1×10^{-11}	10Hz~1GHz	2×10^{-9}	10Hz~1GHz	5×10^{-7}

ppm:parts per million（百萬分之一）（1ppm=10^{-6}）

1-4 測量方法

儀表量測的方法，可分為直接測量、間接測量、比較測量、絕對測量等。

1. **直接測量**：是指測量時，直接讀取儀表指示值（即為待測量）的方式，例如：以數位電表測量電阻值，只需選擇歐姆檔，當探棒接觸待測電阻時，在指示螢幕上讀出數值，再配合檔位倍數，即是待測電阻值。屬於最常用的測量方法，測量結果與儀表的特性有關。必須取得適當的儀表，同時正確操作才能得到正確的數值。

2. **間接測量**：是指先測量其他與待測量相關的物理量，再藉以求出待測量數值的方式。一般用在無法直接測量的情形下，則可應用這樣的測量方法取得待測值。例如：欲測量電路中某元件電阻值，在接電壓、電流的情況下，無法使用電表直接量測，則可先測量待測物兩端之電壓值 V 與通過待測物電流值 I，再利用歐姆定律 $R = \dfrac{V}{I}$，計算出電阻值。待測量的數值除受到儀表的誤差影響外，在計算的過程中誤差隨著計算的複雜程度提高，也無法得到很高的準確度。

3. **比較測量**：是以相同性質的物理量互相比較，再依其比值求出待測量數值的方式。以圖 1-2 使用惠斯登電橋（Wheatstone bridge）測量電阻為例，電橋上檢流計指針的指示僅代表比較的狀態（電橋的平衡與否），而非特定的數值，如此可避免指針本身因為彈簧張力、磁場等因素造成指示值的誤差，也可避免電路特性改變造成的誤差，待測量幾乎只受到用來比較的物理量的影響，可以有效提高準確度。但因為用來做比較的物理量本身的誤差還是會影響測量的結果，因此應儘可能選用誤差較低且穩定度高的比較量，像是標準電阻。

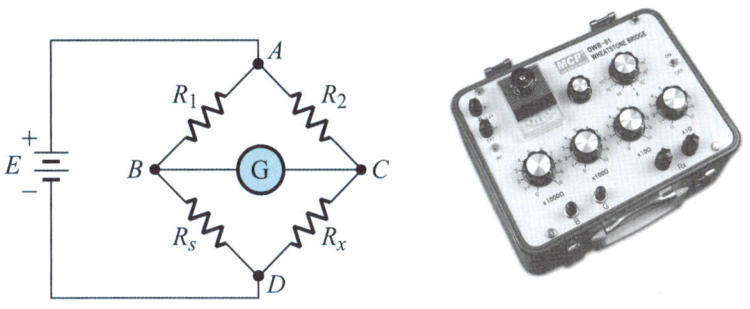

▲ 圖 1-2　惠斯登電橋電路及其測量儀表
（http://www.mcpsh.com）

但是比較測量法測量時有操作不易、測量費時的缺點。以電橋的例子來說，指示電表靈敏度愈高準確度愈高；但若採用靈敏度高的電表，當調整電表平衡時，只要調整稍有一點變動，就容易使電表指示位置偏移而不能平衡，造成測量上的困難。

比較測量也可以依電路的設計，避免特定因素的影響，而獲得較高的準確度。例如：使用凱爾文電橋（Kelvin bridge，又稱雙臂電橋），可避免接線電阻的影響，可用來測量極小的電阻值（1Ω 以內）。

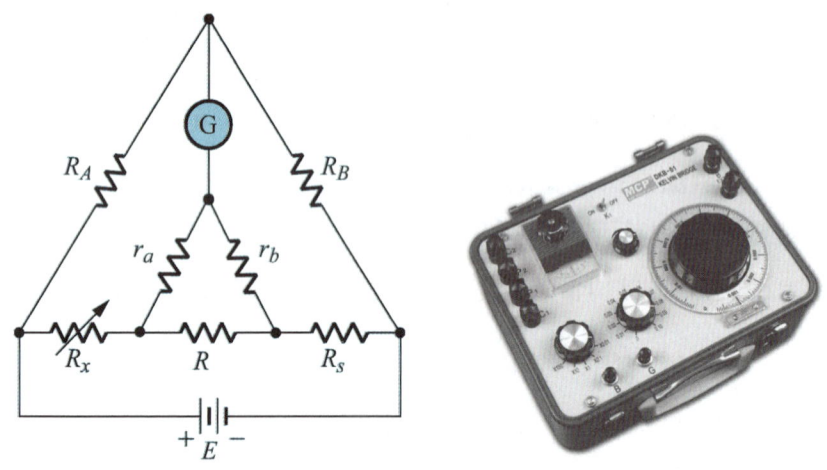

▲ 圖 1-3　凱爾文電橋電路及其測量儀表
（http://www.mcpsh.com）

4. **絕對測量**：是依物理定義由測量絕對單位的物理量來求得待測量的方式。這種測量方法使用標準裝置，可以獲得極為準確的結果。但是由於設備稀少、價格昂貴以及測量不易等等條件的限制，一般不會使用這樣的測量方法。

1-5 電子儀表基本架構

電子儀表測量是指使用電子電路儀表測量相關物理量。電子儀表的基本架構如圖 1-4 所示。通常我們會先將待測量轉換為成比例的電訊號，再將訊號經由適當的處理，以方便指示裝置將待測量表示出來。

▲ 圖 1-4　電子儀表基本架構

能量轉換是利用各種具有電特性的元件將非電的待測量轉換成電訊號。包括：

1. **電磁元件**：能輸出與磁場變化成比例的電流或電壓，例如：線圈、霍爾元件等。
2. **熱電元件**：將溫度變化轉換為電壓、電流或是電阻量的變化，例如：熱電偶、感溫 IC、熱敏電阻等。
3. **光電元件**：將照射光強度轉成對應之電流信號或電阻變化，例如：光二極體、光電晶體、光敏電阻等。
4. **壓電元件**：元件受到壓力造成形變後輸出與壓力成比例之電氣訊號，例如：Load Cell、壓電陶磁等。
5. **機電元件**：將各種機械動作量轉換成相對應的電阻或電壓輸出，例如：滑動電阻、LVDT 等。

一般能量轉換元件輸出之電訊號振幅很小，必須先經過放大，再配合指示電路的特性加以處理。例如：指示裝置為類比式的指針電表，則訊號處理電路必須輸出與待測量成比例的電流，使電表指針偏轉；若為數位式的數字顯示，則訊號處理電路必須將輸入的訊號轉換成相對應的數碼輸出。

但若待測量為電壓、電流等屬於電氣訊號的物理量，則信號不需經過能量轉換，可直接經由電路處理即可驅動指示裝置，例如：使用三用電表測量電壓或電流，甚至不用經過放大電路即可測量。

而指示裝置則是接受電壓、電流，或是數位訊號輸入，並藉由指針、數字顯示、圖表、燈號等方式顯示待測量。傳統儀表像是三用電表，大多是使用指針指示測量值，但數位式儀表，像是數位式電表則是使用 LED 七段顯示器或 LCD 液晶顯示器；傳統的示波器使用冷陰極射線管（CRT）顯示器，也漸漸被數位式示波器的 LCD 螢幕取代。在目前先進的數位式儀表中，訊號經過處理後亦能直接與電腦、相同傳訊規格的數位儀表及其他數位裝置連接，不但可以將相關數據資訊經由電腦分析運算，也可以組成自動測量系統或直接控制自動化生產。

1-6 儀表特性

使用電子儀表測量時首先要注意電子儀表是否提供待測物理量的量測功能。就像不會選用電壓表去直接測量電阻值一樣；當我們要測量電路的失真度時，就要選用像失真儀這樣提供電路失真度測量的儀表。當然，有許多儀表兼具多種量測功能，方便測量者使用。例如：圖 1-5 茂迪（MOTECH）公司 MT800 桌上型萬用電表，即提供交直流電壓、電流、電阻、電容、頻率、失真因數、溫度的數值量測，以及二極體的測試等複合功能。

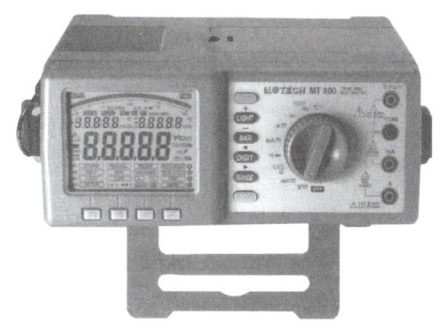

▲ 圖 1-5　茂迪公司 MT800 萬用電表

除了考慮儀表提供的量測功能之外，要得到較好的測量結果，就要選用特性較好的儀表。電子儀表的重要特性包括：靈敏度（sensitivity）、解析度（resolution）、準確度（accuracy）、精密度（precision）等；此外在儀表的規格中也可能登錄一些較特殊的特性，例如：耐用度、溫度係數、工作條件等，也是在選用儀表測量時需要注意的。

1. **靈敏度**：可視為儀表輸出反應所需的最小輸入量。不同的性質的儀表，會有不同靈敏度的定義。例如：（MOTECH）FG-513 函數波產生器計頻輸入端之靈敏度標示為 50mVrms/50MHz，表示最小輸入量為 50mVrms。最小輸入量愈小，靈敏度愈好。

   有些儀表採用使指針滿刻度偏轉時需的最小輸入量做為指示靈敏度的依據。像一般指針式三用電表的靈敏度皆定義為最大偏轉電流的倒數（$\frac{1}{I_{FS}}$），亦可標示為其單位電壓內阻量（kΩ/V）例如：宇鋒電機（YU FONG）YF-352 三用電表靈敏度標示為 20kΩ/V。滿偏轉最小輸入量愈小，單位電壓內阻愈大，表示電表的靈敏度愈好。

> 電子儀表量測

例題 3

A 電表滿偏轉電流為 0.2mA，B 電表滿偏轉電流為 50μA，試求其：
(1) 靈敏度（kΩ/V）之值？(2) 何者靈敏度較佳？

 (1) ∵ 靈敏度 $S = \dfrac{1}{I_{FS}}$　∴ $S_A = \dfrac{1}{0.2\text{mA}} = 5\text{kΩ/V}$，$S_B = \dfrac{1}{50\text{μA}} = 20\text{kΩ/V}$

(2) ∵ $I_{m(B)}$ (50μA) < $I_{m(A)}$ (0.2mA)
同理 S_B (20 kΩ/V) > S_A (5 kΩ/V)　∴靈敏度 B 電表較佳

　　另外，靈敏度也可表示為輸入訊號與輸出指示量的比例，例如：示波器的垂直靈敏度標示為每一格之電壓指示值（S = V/DIV），例如：Textronix 公司 TDS3012 數位示波器為例，其垂直靈敏度即標示為 1mV ～ 10V/DIV，表示波形在螢幕上指示 1 格（1DIV）所需的輸入電壓大小，靈敏度可由刻度調整。

2. **解析度**：是指儀表輸出能夠反應的最小判讀量。例如：$4\dfrac{1}{2}$ 位顯示的數位式複用表，選用滿刻度 2V 的電壓檔位，最大指示值為 1.999V，輸出的最小可判讀的變化量為小數點後第三位，也就是 0.001V，即為此電壓表的解析度。由此也可以看出，解析度與有效位數的關係。對數位式儀表而言，在相同的檔位中，顯示位數愈多，表示有效位數愈多，解析度愈高。而類比儀表則與刻度值有關，例如：滿刻度 10V 的數位若刻有 100 格，表示最小判讀量為 0.01V，此即為解析度。

3. **準確度**：定義為儀表測定之結果與真實數值之間的差異。準確度一般可以用儀表的誤差來衡量，誤差愈低，表示準確度愈高。例如：以三用電表測量電壓，標示其誤差為 ±1%，若選用 10V 檔位來量測，則其讀數有 ±10V×1% = ±0.1V 之誤差；也就是說，假設讀數為 8.2V，則其數值應為 8.2±0.1V，真實的電壓值在 8.3 ～ 8.1V 之間。有關儀表的誤差，在後續章節中有更詳細的討論。

4. **精密度**：是以儀表重複測量所得數值間的差異來衡量。重測數值愈接近，表示精密度愈高。一般說來，精密度與儀表也跟有效位數有關。有效位數愈多的儀表，重測時數值判讀變化差異較低，容易有較高的精密度。測量之有效位數為測量之準確值加一位預估值組成。

例題 4

如圖以三用表 $R \times 100\Omega$ 檔測量電阻的指示，試求其測量值？有幾位有效位數？

解 (1) 判讀其指針位置在 17 到 18 之間，但偏向 18。假設判讀為 17.7，可知其讀數中 17 為準確的數值，但多出來的 0.7 則為預估的數值。
(2) 因此其電阻值可寫為 $17.7 \times 100 = 1770\Omega$。
(3) 注意，此時量測所得之電阻數值中，最後一位數字 0 僅代表倍數，與實際的量測值無關。因此有效位數為準確值加一位估計值，共有 3 位有效位數。

為了能清楚判別有效位數與 10 進位倍數，通常我們會將量測數值以科學記號來表示。以例題 4 所提到的測量結果來說，若記錄測量結果為 1770Ω，無法看出其有效位數，但若將其量測數值標示為 $1.77 \times 10^3 \Omega$，或是利用 10 的倍數記號標示為 $1.77\text{k}\Omega$，這樣就能清楚的判別有效位數為 3 位。

對於數位電表來說有效位數與其顯示位數有關，顯示位數愈多，則有效位數愈多。以 $3\frac{1}{2}$ 位（或稱 3 位半）數位複用表為例，表示其指示值包含 3 個全位數（0～9，最大 9）以及 1 個半位數（0～1，最大 1），其最大顯示值為 1999V；若選用 20V 電壓檔位，則最大顯示 19.99V；若選用 2V 電壓檔位，則顯示 1.999V，依此類推。若測量 12.345V 的標準電壓時，選用 $3\frac{1}{2}$ 位數之電表，指示為 12.34V，有效位數 4 位，應記錄為 $1.234 \times 10\text{V}$；若選用 $4\frac{1}{2}$ 位數之電表，則可指示到 12.345V，有效位數為 5 位，記錄為 $1.2345 \times 10\text{V}$。所以，在一般情況下，具有較高顯示位數的數位儀表，也代表具有較高的解析度、靈敏度、準確度與精密度。

例題 5

假設使用 $4\frac{1}{2}$ 位數位電表測量一標準值為 12.34V 之電壓，讀數為何？有效位數有幾位？

 (1) $4\frac{1}{2}$ 位數位電表，選用 20V 檔位，最大可顯示 19.999V。
(2) 測量 12.34V 讀數為 12.340V。
(3) 最後一位 0 為測量數值而非倍數，有效位數仍為 5 位，應寫為 $1.2340×10$。

例題 6

請依下列測量值條件寫出科學記號：
(1)16800，3 位有效位數；(2)1680.0；(3)16808；(4)168080，5 位有效位數。

 (1) 3 位有效位數，16800 應記為 $1.68×10^4$。
(2) 小數點後標零代表有效位數，1680.0 代表共有 5 位有效位數，記為 $1.6800×10^3$。
(3) 16808 末位非零，全為有效位數，記為 $1.6808×10^4$。
(4) 5 位有效位數，168080 應記為 $1.6808×10^5$。

若是遇到測量數值需要計算，只要記得預估值是不準確的。因此，只要與預估運算後的數值亦為不準確。最後，將計算後的數值取一位預估值即可。其後位數可以四捨五入的方式省略。

例題 7

有兩電阻，測量得其電阻值各為 25.3Ω 及 13.65Ω，試計算其串聯總電阻？

 ∵ 總電阻 $R = 25.3 + 13.53 = 38.83(\Omega)$
由於計算後 8 與 3 兩個數字都已經不準確，因此只需取一位即可，最後一位四捨五入。
∴ 總電阻值應記為 $R = 38.8\Omega$

例題 8

測量某電子元件兩端電壓,得到 12.3V;同時測量電流值,得到 1.2A。試計算其功率值?

解 ∵ $P = V \times I = 12.3 \times 1.2 = 14.76(V)$

由於計算後 4、7、6 三個數字都不準確,因此以四捨五入取準確值與一位預估值。

∴ 功率值應為 $P = 15W$。

儀表的準確度高,精密度一定高;但精密度高的儀表,準確度不一定高。但是較精密的儀表若發生不夠準確的情況時,通常都是缺乏校正、儀表故障或是測量方法不正確所致。只要能夠適當調整校正,應該都能獲得準確的測量結果。

1-7 誤差與校正

1-7-1 誤差的種類與成因

測量時，所得之數值不可避免的會與實際數值有部分差異，此即為誤差（error）。測量時必須考量可能發生的誤差，並採取適當校正，儘可能避免誤差產生。

誤差一般可分為人為誤差（gross errors）、系統誤差（systematic errors）、儀表誤差（instrumental errors）、環境誤差（environmental errors）、隨機誤差（random errors）等。

1. **人為誤差**：是指由操作者本身產生的誤差。像是選用不正確的儀表、操作錯誤、指示值判別錯誤等等都是屬於人為誤差。一般使用儀表最容易發生即是人為誤差。為了避免產生人為操作上的錯誤，特別列出下列幾項要點供同學們參考：

   (1) **選用正確而適當的儀表**：若選用不正確的儀表做量測，則讀數完全沒有意義，甚至會對儀表本身造成損壞。例如：使用三用電表測量電壓時誤撥到歐姆檔，很容易就會燒毀電表；就算電表沒有損壞，所得之偏轉量亦和待測電壓無關。

   (2) **選用適當的檔位**：對於選用的檔位也要注意。像是使用三用電表測電壓及電流時，盡量選擇檔位使偏轉靠近滿刻度才有較小誤差；但是歐姆表則是讓指針靠近中間刻度比較準確。數位式儀表則是具有自動檔位調整，比較沒有檔位選擇的問題。

   (3) **注意刻度的倍數及判別**：使用儀表必須了解儀表指示的刻度判別。例如：一般示波器的刻度為每一大格有 5 小格，因此小格讀數應為 0.2 DIV，而常常有同學會將數值誤判為 0.1 DIV。指針式三用電表的 ACV 及 DCV 檔位的刻度都相同，只有 AC×10V 檔位的刻度與 DC×10V 的檔位左邊刻度不同，在測量較小的 AC 電壓時常會誤判。

(4) **注意判讀的方式**：像是指針式儀表在指針和刻度盤之間存有空隙，因此判讀數值時必須讓視線與盤面垂直，以避免數值判讀的偏差。有些三用電表刻度盤上設計有鏡面，也是為了減少判讀誤差，如果使用數位式儀表直接讀取測量值，就沒有這樣的問題。

(5) **儀表事前的調整**：在測量前不能省略儀表的必要調整，像是示波器的時基線若不夠水平會使得波形前後讀數有誤差；示波器如果聚焦不當，掃描線太粗，亦會對判讀造成困擾；指針式三用電表歐姆檔必須歸零等等，都必須事先做好調整，以免影響測量結果。

(6) **重複測量**：如果能夠將測量的次數增加，可以減少人為操作上的誤差。列出重複測量的數值，如果發現測量的數值相差過大，可能就是由於人為操作產生的錯誤。

2. **系統誤差**：是指由硬體條件產生的誤差，又可分為儀表誤差和環境誤差：

   (1) **儀表誤差**：是指由儀表本身產生的誤差。儀表誤差多半是因為儀表電路老化、機械結構不良、儀表本身製造的規格限制、或是由於缺乏校正等原因產生。

   (2) **環境誤差**：則是指受到測試環境影響而產生的誤差。會影響測量結果的因素相當多，像是溫度、濕度、電場、磁場、電源供應條件等等。

   以下列出降低系統誤差的要點，供同學參考：

   (1) **使用較佳規格的儀表**：同樣的測量儀表，各廠商的規格並不完全相同，儀表本身的好壞決定了測量的誤差大小，因此選用特性較好、誤差較小的儀表是解決儀表誤差的根本方法。

   (2) **注意儀表保養與校正**：儀表的使用者要能在使用後做簡單的擦拭保養，若發現問題必須立刻記錄回報以便維修。與廠商簽訂保修合約，能定期對儀表做保養，並做校正。對於儀表的儲存環境要注意，尤其是台灣海島型氣候濕度較高，最好能有除濕設備。

   (3) **穩定的測試環境**：一般實驗室應該有適當的溫度及濕度控制，就像是學校的工廠大都有空調設備。量測時若發生電磁及電場的干擾，應採用屏蔽的方式消除。另外，電源供應的變化影響甚大，一旦電源供應不穩定，電路數值亦會隨之變動，此時若重複測量，會發現數值會不穩定而有誤差。因此，實驗室應加裝電源穩壓之設備以減少環境誤差。

3. **隨機誤差**：是指由未知原因發生的誤差。表示測量值與實際值間必定會有誤差產生的現象。基本上，這樣的誤差是不可能消除的，但是仍然可以使用修正測量方法、重複測量、以及配合統計分析，盡可能的減低誤差的產生。

1-7-2　誤差的表示法

誤差（error）可以用誤差值或誤差百分比來表示。若以 M 表示測量值，T 表示真實值，則誤差值 ε

$$\varepsilon = M - T$$

誤差百分比 $\varepsilon\%$

$$\varepsilon\% = \frac{\varepsilon}{T} \times 100\% = \frac{M-T}{T} \times 100\%$$

而一般用誤差正、負範圍來表示誤差。可以寫成 $T\pm\varepsilon$，或者寫成 $T\pm\varepsilon\%$。例如：電壓測量結果 16V，若有固定誤差值為 2V，則可標示為 16 ± 2V，或是計算百分誤差 $\varepsilon\% = \frac{2}{16} \times 100\% = 12.5\%$，標示為 $16\pm12.5\%$；若是儀表百分誤差為 5%，則可標示為 $16\pm5\%$，或是計算誤差值 $\varepsilon = \varepsilon\% \times T = 16\times5\% = 0.8$V，標示為 16 ± 0.8V。

例題 9

有一色碼電阻，其色碼為紅紅黃金，試求其電阻誤差百分比、電阻誤差值及電阻可能的範圍？

解 由電阻色碼表可知電阻值應表示為
$R = 22 \times 10^4 \pm 5\% = 220\text{k}\Omega \pm 5\%$
電阻誤差百分比為　　$\varepsilon\% = 5\%$
電阻誤差　　　　　　$\varepsilon = \varepsilon\% \times T = 5\% \times 2.2 \times 10^5 = 11\text{k}\Omega$
電阻可能範圍　　　　$R = 220\text{k}\Omega \pm 11\text{k}\Omega = 209\text{k}\Omega \sim 231\text{k}\Omega$

例題 10

一電壓表測量如圖 2Ω 電阻上電壓，得到 8.4V 的讀數。試求測量誤差及誤差百分比？

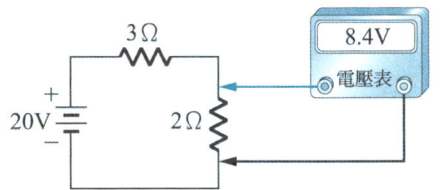

解 由電路計算可得 2Ω 上電壓真實值應為

$$T = 20 \times \frac{2}{5} = 8\text{V}$$

∵ 測量值 $M = 8.4\text{V}$ ∴ $\varepsilon = M - T = 8.4 - 8 = 0.4\text{V}$

$$\varepsilon\% = \frac{M - T}{T} \times 100\% = \frac{0.4}{8} \times 100\% = 5\%$$

另外，如果測量時無法得知待測量真實數值，可以利用統計的方式，由重複測量的結果推知可能的誤差量。在這裡用平均偏差量的計算做為說明。當然，算術平均數的方式只是很粗略的統計分析方法，但是方法簡便容易了解，因此僅以此舉例說明。

例題 11

當重複測量一電路元件電壓時，得到下列結果：10.01、9.98、9.97、12.35、10.02、10.05。試求其測量之結果及可能之誤差？

解
1. 首先去除明顯誤差之測量值 12.35V。由於與其他測量數值相差太大，可視為不正確的測量，為避免影響計算結果，不能列入平均數的計算。
2. 求取測量結果之平均值做為推估之真實值：

$$T = \frac{10.01 + 9.98 + 9.97 + 10.02 + 10.05}{5} = 10.006$$

3. 求取各次測量之誤差絕對值之和：

$$\sum |d_i| = |10.01 - 10.006| + |9.98 - 10.006| + |9.97 - 10.006|$$
$$+ |10.02 - 10.006| + |10.05 - 10.006| = 0.124$$

4. 平均偏差量

$$\varepsilon = \frac{\sum |d_i|}{n} = \frac{0.124}{5} = 0.0248$$

5. 最後測量值可表示為

$$M = 10.006\text{V} \pm 0.0248\text{V} = 10.006 \pm \frac{0.0248}{10.006} \times 100\% = 10.006\text{V} \pm 0.25\%$$

一般指針式電表的誤差，是以滿刻度指示值的誤差百分比來表示。

誤差（ε）= 誤差百分比 (ε%)× 滿刻度指示值

也就是說，無論測量的讀數多少，誤差值都是固定的，而測量的誤差百分比與讀數成反比。因此，讀數愈接近滿刻度誤差百分比愈小，結果愈準確。

例題 12

假設三用電表的電壓檔誤差為滿刻度的 5%，若使用 DC10V 檔測量，得到讀數為 8V 電壓，試求其誤差值與誤差百分比？若讀數為 5V，誤差百分比又是多少？

 解　∵ ε = 5%×10V = 0.5V　讀數為 8V　∴ ε% = $\frac{0.5V}{8V}$×100% = 6.25%

若讀數為 5V　ε% = $\frac{0.5V}{5V}$×100% = 10%　由此可知，愈接近滿刻度誤差百分比愈小。

數位式儀表的誤差，一般標示為：

$$ε = ε\% \times rdg + n\text{dgt}$$

其中（rdg）代表讀數。數位儀表的誤差，除了讀數的百分誤差之外，必須加上 n 位數（dgt）的定量誤差。此定量誤差是由於指示最後 n 位數的不確定性所造成。定量誤差一般會標示在儀表規格，或在操作說明中。

例題 13

一 $3\frac{1}{2}$ 位之數位電壓表，誤差為 (0.5%×rdg ＋ 2dgt)，若顯示 120.0V，試求其測量誤差值？

 解　∵ 讀數誤差 = 0.5%×rdg = 0.5%×120V = 0.6V

　　∵ 定量誤差 = 0.1V(最後一位)×2 = 0.2V

　　∴ 誤差 ε = 0.6V + 0.2V = 0.8V。

1-7-3 誤差的計算

當含有誤差的數值做加減運算時,其誤差值必須相加;若是做乘除運算,則是必須將誤差百分比相加。

例題 14

兩色碼電阻,色碼分別為棕黑紅金、棕綠紅金,試求其串聯後可能的誤差。

解
1. 電阻值 $R_1 = 10 \times 10^2 \pm 5\% = 1\text{k}\Omega \pm 50\Omega$
   $R_2 = 15 \times 10^2 \pm 5\% = 1.5\text{k}\Omega \pm 75\Omega$
2. 串聯電阻值相加,誤差值相加
   $R = R_1 + R_2 = (1\text{k} + 1.5\text{k})\Omega \pm (50 + 75)\Omega = 2.5\text{k}\Omega \pm 125\Omega$
3. 誤差百分比:$\varepsilon\% = \dfrac{125}{2.5\text{k}} \times 100\% = \pm 5\%$

例題 15

實驗時測量電阻兩端電壓為 5V±1%,若電阻色碼值為棕黑黑棕紅,試求此電阻消耗的功率值及可能的誤差?

解 $R = 100 \times 10 \pm 2\% = 1\text{k}\Omega \pm 2\%$　　$P = \dfrac{V^2}{R} = \dfrac{5^2}{1\text{k}} = 25\text{mW}$

乘除運算誤差百分比相加　$\varepsilon\% = 1\% + 1\% + 2\% = 4\%$

誤差 $\varepsilon = 25\text{mW} \times 4\% = 1\text{mW}$。

重點掃描

1. 利用儀表將物理量轉換成相對應的指示值,以獲取相關資料稱為測量。
2. 電子儀表測量是指使用電子電路儀表測量相關物理量。
3. 電子電路相關物理量有電壓、電流、能量、功率,以及時間、頻率等。
4. 數位式儀表輸出訊號能直接與電腦連接,成為自動測量系統的基礎。
5. 儀表測量的方法分為直接測量、間接測量、比較測量、絕對測量等。
6. 測量方法中,絕對測量的結果極為準確;直接測量較為簡便常用。
7. 比較測量同時可以依電路的設計,避免特定因素的影響,而獲得較高的準確度。
8. 儀表重要特性包括:靈敏度、解析度、準確度、精密度。
9. 靈敏度(sensitivity)可視為儀表輸出反應所需的最小輸入量。
10. 解析度(resolution)是指儀表輸出能夠反應的最小判讀量。
11. 準確度(accuracy)定義為儀表測定之結果與真實數值之間的差異。
12. 精密度(precision)則是以儀表重複測量所得數值間的差異來衡量。
13. 誤差可分為人為誤差、系統誤差、隨機誤差等。系統誤差又可分儀表誤差及環境誤差。
14. 誤差值 $\varepsilon = M - T$,誤差百分比為 $\varepsilon\% = \dfrac{M-T}{T} \times 100\%$。
15. 指針式電表的誤差 ε = 誤差百分比 × 滿刻度指示值。
16. 數位式儀表的誤差 $\varepsilon = (\varepsilon\% \text{ rdg} + n \text{ dgt})$
17. 含有誤差的數值做加減運算時,誤差值相加;乘除運算,則是將誤差百分比相加。
18. 目前最普遍的通用單位系統稱為國際實用單位制(SI, International System of Unit)。
19. 標準依功能及應用的領域不同,可劃分為國際標準、一級標準、二級標準、三級標準。常接觸到的為三級標準(工作標準),而以國際標準的位階最高。
20. 我國國家電量標準是由國家度量衡標準實驗室(National Measurement Laboratory, NML)負責維護及校正。

課後習題 1

選擇題

( ) 1. 電子儀表架構並不包括　(A) 能量轉換　(B) 指示裝置
　　　(C) 中央處理單元　(D) 訊號處理。

( ) 2. 下列何者不屬於電子儀表？　(A) 水銀溫度計　(B) 電壓表
　　　(C) 三用電表　(D) 數位式示波器。

( ) 3. 數位儀表通常具有數位訊號輸出能力，輸出的數位訊號非用於
　　　(A) 分析測量結果　　　　　(B) 控制自動化生產
　　　(C) 組成自動化測量系統　　(D) 展示測量結果。

( ) 4. 以下四種測量方法，何者較常使用且方法簡易
　　　(A) 直接測量　(B) 間接測量　(C) 比較測量　(D) 絕對測量。

( ) 5. 某電子儀表標示靈敏度為 10mVp-p，表示
　　　(A) 輸入信號不得大於 10mVp-p
　　　(B) 輸入信號小於 10mVp-p 儀表沒有反應
　　　(C) 這是一般輸入信號水準
　　　(D) 校正信號電壓準位必須為 10mVp-p。

( ) 6. $3\frac{1}{2}$ 數位儀表，最大指示量為
　　　(A) 999　(B) 9999　(C) 1999　(D) 20000。

( ) 7. $4\frac{1}{2}$ 位數位複用表，選擇滿刻度為 200V 電壓檔位，試求其解析度為
　　　(A) 1　(B) 0.1　(C) 0.01　(D) 0.001　V。

( ) 8. 三用電表表頭滿偏轉電流愈大，靈敏度愈
　　　(A) 大　(B) 小　(C) 視滿刻度值而定　(D) 與表頭電流無關。

(　　) 9. 使用 $4\frac{1}{2}$ 數位電表測量電阻得 123.40Ω，其測量值有效位數為
(A)5 位　(B)4 位　(C)6 位　(D) 無法判別。

(　　) 10. 下列何者能有效減少人為誤差？
(A) 選用較貴的儀表　　　(B) 加裝電源穩壓設備
(C) 使用數位儀表　　　　(D) 改變量測方法。

(　　) 11. 一般三用電表刻度盤上都裝有鏡面，目的在於
(A) 增加美觀　　　　　　(B) 增加儀表準確度
(C) 減少判讀時視覺誤差　(D) 減少判讀時視力負擔。

(　　) 12. 某數位電壓表 $3\frac{1}{2}$ 位數，誤差為 (1% rdg+1 dgt)，若測量電壓讀數 25.0V，試求其誤差百分比為
(A)0.5%　(B)1.4%　(C)1.5%　(D)2.5%。

(　　) 13. 使用 $4\frac{1}{2}$ 位數數位電壓表測量，選用 20V 檔位分別測量 18.5V 及 8.52V 電壓，試求其指示值有效位數各應有幾位？
(A)5 位、4 位　(B)4 位、3 位　(C) 同為 5 位　(D) 同為 4 位。

(　　) 14. 標示誤差 5% 的三用電表，選用 50V 檔位測量電壓，測得電壓為 40V，試求其誤差百分比？
(A)5%　(B)6.25%　(C)7.15%　(D)10%。

(　　) 15. 兩個電表測試電壓的結果如下：A 電表為 10V±1%，B 電表為 200V±2V，試求何者測量準確度較高？
(A)A 電表　(B)B 電表　(C) 兩者相同　(D) 無法比較。

(　　) 16. 測量色碼電阻棕紅紅金兩端電壓 2.4 V±0.12V，試求電阻電流值及誤差？
(A)2mA ±5%　　　　　(B)2mA ±10%
(C)0.2mA ±5%　　　　(D)0.2mA ±10%。

( ) 17. 五位同學測量同一測試點電壓，分別測得 20.4V、19.8V、20.3V、20.1V、19.9V，試求其測量值應寫為？
(A)20.4　(B)20.1　(C)20.0　(D)19.8　V。

( ) 18. 精密度高的儀表若缺乏準確度，通常需要
(A) 更新　(B) 維修　(C) 校正　(D) 淘汰。

( ) 19. 下列何者為 SI 制導出單位？
(A) 伏特 (V)　(B) 凱氏溫度 (°K)　(C) 公尺 (m)　(D) 安培 (A)。

( ) 20. 目前學校工廠裡的測量標準應為
(A) 一級標準　(B) 二級標準　(C) 三級標準　(D) 國際標準。

問答題

1. 請說明選用儀表應考慮的條件有哪些？
2. 測量的誤差可分為幾類？試列舉出數項測量時常犯的錯誤？
3. 使用數位電表測量可以減少哪些誤差？又要如何才能減少使用類比儀表產生的誤差？
4. 電子製圖及電路板製作常用 mil 做單位，請問何謂 mil？如何與公制單位做轉換？
5. 試說明何謂基本單位、導出單位？

筆記欄

2 電壓及電流測量

2-1 測量儀表基本原理

2-2 電壓測量

2-3 電流測量

2-1 測量儀表基本原理

測量電壓電流常用的儀表為使用指針指示的類比式電表和直接顯示測量數字的數位式電表。在說明如何使用各種儀表測量電壓與電流之前,先說明這兩種不同儀表的基本原理。

2-1-1 類比式電表

類比式(指針式)電表主要的指示元件為電表頭,再配合其他電路組合成不同測試功能的儀表。目前常見之指針式電表為永磁動圈式(permanent magnet moving coil, PMMC)結構,亦稱為達松發爾式檢流計(D'Arsonval galvanometer),其結構如圖 2-1 所示。

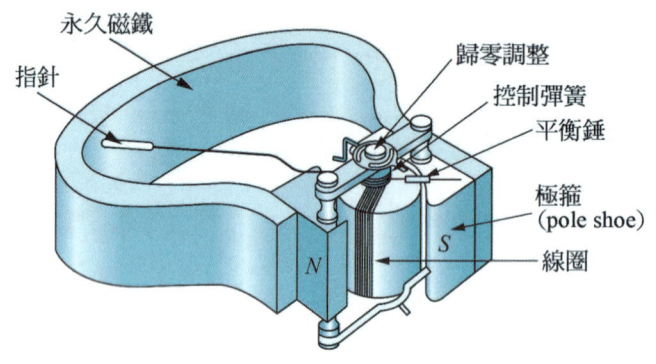

▲ 圖 2-1 PMMC 表頭結構

主要結構包括:

1. **轉動裝置**:由永久磁鐵與線圈構成。測量時電路電流通過繞在鋁框之線圈產生之磁場,與永久磁鐵之磁場交互作用,將電能轉換為動能,以驅動指針產生偏轉。由於其作用力與電流值成正比,因此其轉矩與電流的大小成正比。

2. **控制裝置**:由兩側裝置的控制彈簧(游絲)組成。當電流磁力產生的力矩等於控制彈簧產生的反力矩時,控制彈簧抵消驅動轉矩,指針即達到適當位置而停止。控制彈簧的力矩能使指針在無電流時能保持於歸零位置,若無法歸零,則可轉動歸零螺絲以調整控制彈簧的位置使指針歸零。藉由兩側控制彈簧反向安裝,同時可以調整溫度所產生的熱漲冷縮。

3. 阻尼裝置：由繞線圈的鋁框產生電磁阻尼穩定指針偏轉，目的在使指針避免因慣性作用之影響而搖擺不定，能迅速穩定的停留在正確的指示位置上。

　　一般使用 PMMC 表頭儀表時要注意：

1. 正負極性：PMMC 表頭電流方向相反時指針會向相反方向偏轉。若指針轉動超出其容許的偏轉範圍，可能會將指針損毀。
2. 滿刻度電流的限制：滿刻度電流（full-scale current, I_{FS}）即表頭刻度所能指示之最大電流，又稱滿額電流。電流超出滿刻度電流則指針轉動超出可測量範圍，讀不到測量值，甚至有燒毀電表線圈的可能。
3. 表頭內阻：表頭內阻（R_m）為線圈產生的導線電阻，其大小與可動線圈之線徑與匝數有關，與表頭靈敏度之高低成正比。
4. 為平均值偏轉：PMMC 表頭只適合做直流（平均值）測量。若用於交流電表中，則應先經整流，否則交流電平均值為 0，指針停留原點不動。
5. 線性偏轉：其偏轉量與輸入表頭電流量成線性比例。

　　由於 PMMC 表頭偏轉量是與輸入平均電流成比例，因此測量其他物理量時必須轉換成電流量。另外，因為交流電壓平均值為零，所以使用 PMMC 表頭測量時，則需要經過整流，才能測量整流後的平均值。使用 PMMC 表頭最常見的儀表為三用電表，有關三用電表的基本電路結構，在後續章節中另有介紹。

2-1-2　數位式複用表

　　數位式複用表（Digital Multi-Meter, DMM）基本結構如圖 2-2 所示，包括輸入轉換電路、電源電路、A/D 轉換（類比轉數位）電路、微處理器及顯示電路組成。A/D 轉換電路將輸入電壓轉成相對應的 2 進位指示值，再將指示值輸入至微處理器做分析，對應的感測值由顯示電路將測量值顯示到 LED 或 LCD 顯示器。同時依儀表設計功能，將量測結果經由介面電路傳送到外部。由於以數位式複用表以測量電壓為主，因此需要轉換電路將電流與電阻等其他待測量轉換成相對應的電壓值。電源電路除提供電路電源之外，還需要提供 A/D 轉換電路穩定參考電壓；以及提供輸入轉換電路參考電流以便將電阻值轉成電壓量測。開關與按鍵控制電路則是提供電路所需之程序及按鍵控制。

▲ 圖 2-2　數位式複用表基本結構

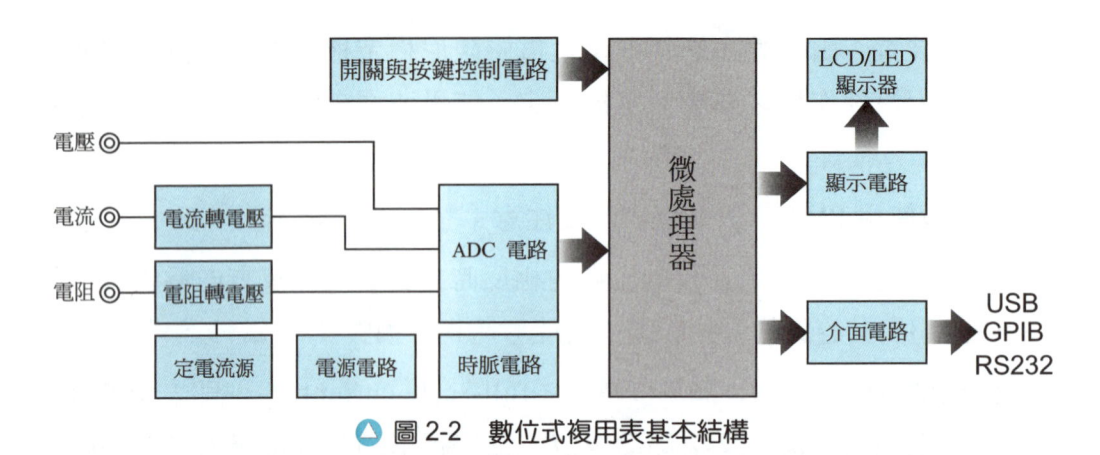

　　由於各家廠商數位式複用表電路設計各不相同，也有增加各種不同測量功能者，在此僅以圖 2-3 雙斜率積分器組成之 A/D 轉換電路為例，說明數位式電表測量電壓的動作原理。

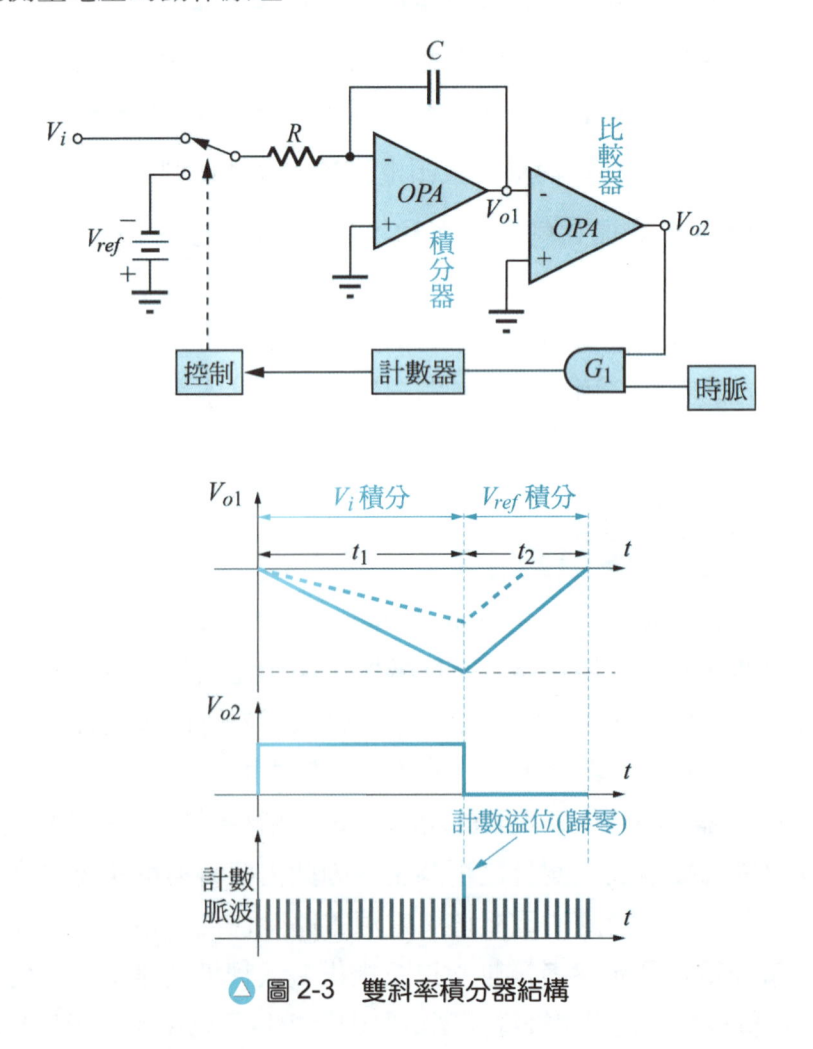

▲ 圖 2-3　雙斜率積分器結構

1. 控制開關開始置於輸入電壓端,輸入電壓 V_i 經積分器積分,輸出電壓 V_{o1} 為輸入電壓之積分值:$V_{o1} = |\frac{t_1}{RC}|V_i$

    此時;比較器輸入電壓小於 0,故比較器輸出 V_{o2} 高於 0 即為 Hi 狀態,乃令 G_1 及閘工作,允許時序脈波進入計數器開始計數。

2. 當計數器計數到最高位時,則下一個脈波進入時計數器溢位,顯示歸零,接著進位信號令控制開關置於參考電壓 V_{ref}。

3. 此時積分器電容 C 由參考電壓 V_{ref} 作反向積分。當電容反向充電至 V_{o1} 高於 0,使比較器 V_{o2} 輸出低態,G_1 不再允許時序脈波進入計數器,故計數器乃停止計數。

4. 由於 C 充電電量與放電電量相同,故

$$\because I_1 \cdot t_1 = I_2 \cdot t_2 \quad \therefore (\frac{t_1}{R}) \cdot t_1 = (\frac{V_{ref}}{R}) \cdot t_2$$

5. 由於電路設計中,充電時間 t_1 固定為計數器之滿刻度計數時間,而 V_{ref} 亦為固定值,故計數器之計數值 t_2 乃與 V_i 成正比:$t_2 = (\frac{V_i}{V_{ref}}) \cdot t_1$

    計數器最後顯示之數字乃表示 C 放電期間 t_2 所進入之脈波數。顯示量與輸入電壓成正比,因此測量其他物理量必須轉換為一定比例的電壓值才能測量。

2-1-3 數位式儀表與類比式儀表比較

以一般情況來說,數位式與類比式儀表相比,具有下列優點:

1. **減少人為誤差**:類比式儀表判讀指針位置較易因為指針擺動或是視覺角度產生人為誤差;數位式儀表直接判讀測量值,檔位有誤時還能自動調整,不易產生判讀錯誤。

2. **使用方便**:數位式儀表不需複雜調整,直接讀取測量數值,使用較為方便。例如:測量電壓或電流若探棒極性有誤,數位式儀表直接指示負號,而類比式儀表就有損壞儀表的可能。

3. 機械強度較佳：數位式儀表沒有活動裝置，比較不怕摔；而指針式儀表受到撞擊或晃動，表頭指針就容易受到破壞。

4. 容易提高精確度：雖然提高儀表精確度的條件有很多，但就指示方式而言，數位式儀表只要增加顯示位數就能提高有效位數，從而提高精確度；但類比式儀表要提高刻度的精細度就非常不容易，不但要增加刻度盤的面積，刻度太細還得考驗判讀者的眼力。

5. 容易小型化、輕量化：數位式儀表內部積體電路化，顯示螢幕使用 LCD 或 LED，容易縮小體積；但類比式儀表礙於刻度盤及表頭或是 CRT 螢幕，必須有固定的大小，因此以往許多大型儀表像是示波器、電力分析儀，都是數位化之後才出現手持式機型。

6. 適合自動化：數位式儀表將待測量皆分析為數位資料，適合儲存及運算，可配合各種介面電路（USB、GPIB）傳輸資料，做為自動化量測或控制；而傳統類比式儀表幾乎無法辦到。

　　雖然指針的指示方法比較容易粗分大小及比例，所以像汽車的速度表及轉速表，就算是數位化，還是要保留類似指針的顯示方式。但是無論是比較何種條件，幾乎數位式儀表都佔有絕對優勢，再加上顯示裝置及微控器、各類感測器成本的下降，使得價格已幾無差異。也就因為如此，儀表數位化已然底定，類比式儀表的淘汰已經是必然的趨勢。

2-2 電壓測量

常用來測量電壓的儀表有三用電表（VOM）、數位式複用表（DMM）。其他如：示波器（Oscilloscope）、電子電壓表（VTVM），還有較為特殊的像是高壓表等，都可以測量電壓值。在此僅介紹三用電表及數位式複用表測量原理及方法。

2-2-1　測量直流電壓

如圖 2-4 為三用電表（VOM）與手持式數位複用表。三用電表使用 PMMC 表頭為指示元件，配合電路組成之測量儀表。稱作三用電表是因為具有測量電壓（Voltage）、電阻（Ohm）、電流（current Meter）三種用途。但三用電表通常還包括電晶體測量、二極體測量，甚至還有電池電量、短路檢測等功能，早已超過三種用途，但一般仍稱做三用電表。早期是電子作業人員不可或缺的隨身儀表，近年來已多被數位式複用表（Digital Multi-Meter, DMM）取代。

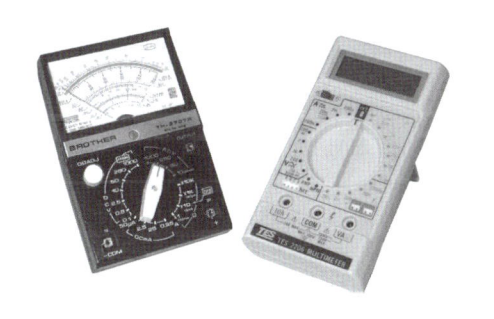

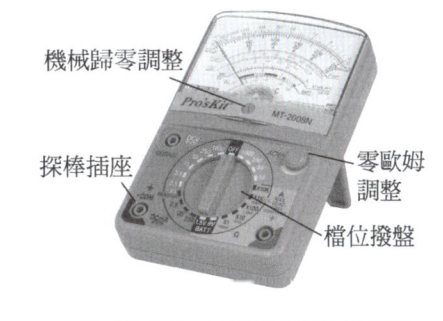

▲ 圖2-4　三用電表及數位式複用表(手持式)　　▲ 圖2-5　三用電表各部說明

三用電表的各部說明如圖 2-5：

1. **檔位撥盤**：一般分為 DCV（直流電壓）、DCmA（直流電流）、ACV（交流電壓）、Ω（電阻）等 4 大功能，以手撥動撥盤到特定位置，用來選定測量的功能與刻度檔位。

2. **刻度盤**：以指針指示位置判讀測量值。刻度的判讀必須配合撥盤指定的檔位，才能正確判讀測量的數值。

3. **機械歸零調整**：調整游絲張力，使指針不動作時零點的位置與刻度盤的零點位置相符。

4. **零歐姆調整**：做為電阻測量前的歸零使用。由於電阻測量的零點，是表頭指示滿刻度位置，因此電阻測量時必須先以此旋鈕調整歸零才能正確使用。

5. **探棒插座**：探棒必須依照極性（顏色）插在固定位置以方便使用。要注意大部分的機型大電流（10A）的測量插座為獨立插孔，測量大電流時要將探棒插在正確位置。

三用電表之直流電壓量測電路為 PMMC 表頭串聯倍率電阻組成。圖 2-6 為基本電壓表電路，I_m 為表頭滿偏轉電流，R_m 為表頭內阻，R_s 表示串聯的倍率電阻。理想電壓表內阻。

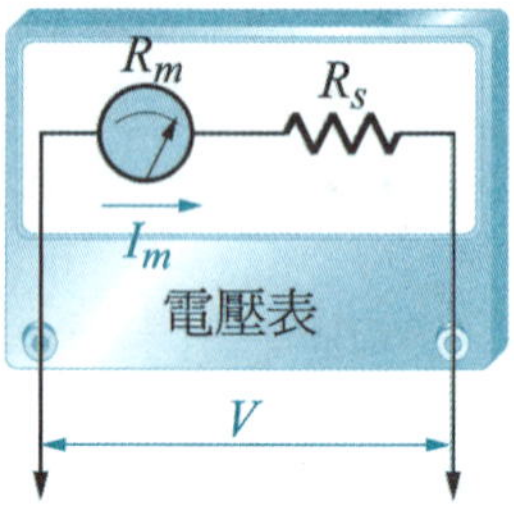

若定義擴展率為：

$$N = \frac{擴展電壓}{表頭滿刻度電壓}$$

則串聯倍率電阻為：

$$R_s = (N-1) \times R_m$$

▲ 圖 2-6　基本電壓表電路

例題 1

如圖 2-6 使用一滿刻度 50μA，內阻為 2kΩ 的電表頭，設計一滿刻度 10V 之直流電壓表，試求其串聯電阻值？

解 由電路串聯特性，滿刻度電壓 $V = I_m(R_m + R_s)$

$\therefore (R_m + R_s) = \dfrac{V}{I_m} = V \times S$

$R_s = (V \times S) - R_m = (10V \times \dfrac{1}{50\mu A}) - 2k\Omega$

$= (10V \times 20k\Omega/V) - 2k\Omega = 200k - 2k = 198k\Omega$

例題 2

若想利用內阻 2kΩ，滿刻度 10V 直流電壓表，設計測量最大 50V 的電壓，試求其應串聯之倍率電阻值？

解 擴展率 $N = \dfrac{50\text{V}}{10\text{V}} = 5$，倍率電阻 $R_S = (N-1) \cdot R_m = 4 \times 2\text{k} = 8\text{k}\Omega$

證明：滿刻度電流 $I_m = \dfrac{V}{R_m}$，

50V 電壓表內阻 $(R_m + R_S) = \dfrac{50}{I_m} = \dfrac{50}{10} \times R_m = N \times R_m$

移項可得 $R_S = (N-1) \cdot R_m$

例題 3

右圖所示電路為一多範圍之電壓表，若 $I_{FS} = 100\mu\text{A}$，$R_m = 1\text{k}\Omega$，求其倍率電阻的值為多少？

解 (1) 10V 檔位，$R_1 = \dfrac{10\text{V}}{100\mu\text{A}} - R_m = 99\text{k}\Omega$

(2) 50V 檔位，$R_2 = \dfrac{50-10}{100\mu} = 400\text{k}\Omega$

(3) 250V 檔位，$R_3 = \dfrac{250-50}{100\mu} = 2\text{M}\Omega$

(4) 1000V 檔位，$R_4 = \dfrac{1000-250}{100\mu} = 7.5\text{M}\Omega$

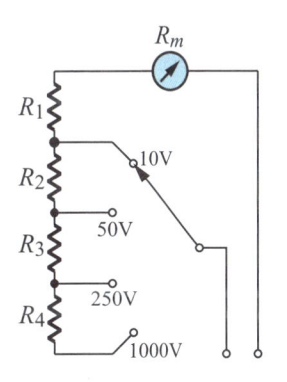

三用電表測量直流電壓操作步驟如下：

1. 選擇適當檔位：將三用電表電壓測量檔位撥在 DCV（直流電壓測量），其滿刻度 0.25V～250V，共有 6 個檔位，測量時依待測電壓範圍選擇適當檔位，若不知待測電壓範圍，則由最高檔位開始測量。

2. 機械歸零校正：測試棒開路時，目視指針是否指在零的位置。若不是指在零的位置，則調整零位校正旋鈕使其歸零。

3. 測試棒與待測點並聯：注意電壓的正負極性。若極性相反，則指針會反偏，容易造成損壞。因此，若不能確定電壓正負極，最好也是由最高檔位開始測量，由於檔位愈高內阻愈大，即使電壓反接，較小的偏轉電流也不易造成電表立即損壞。

4. 判讀測量數值：刻度盤分為滿刻度 10、50、250 等三種刻度，待指針穩定後，依所選檔位滿刻度配合刻度盤指示，讀取電壓數值。讀取時注意視線需與指針、盤面成垂直，以避免人為的判讀誤差。讀出數值後，依照檔位與刻度盤比例調整讀數小數點位置，即可記錄測量數值，如圖 2-7 為例，選擇 DCV 10V 檔，指針位置可判讀為 9.25V，有效位數為 3 位。其中精確為 9.2，最後 1 位估計值 0.05（估計值依個人判斷可能會有不同結果）。

▲ 圖 2-7 三用電表測量電壓（右圖為刻度盤放大圖）

例題 4

使用三用電表 DCV 50V 檔測量某電路電壓時，其指示如圖，試求其電壓測量值？

解 依 DCV, A 50 刻度判讀，準確值 31，小數點下 1 位可估算為 0.6，可得指示值 31.6V。

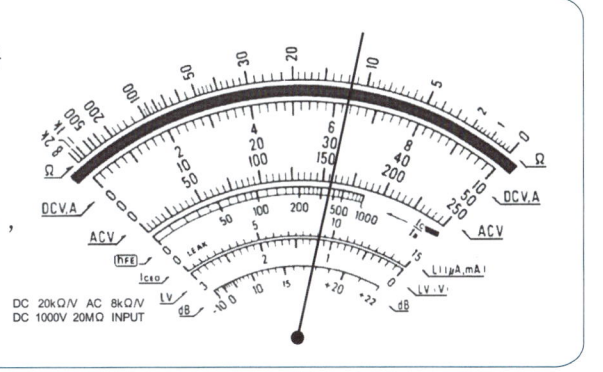

例題 5

使用三用電表 ACV 10V 測量指示如圖，試求其測量電壓值？

解 依 ACV10 刻度判讀，指示值為 2.8，下 1 位估值為 0，可得指示值 2.80V。

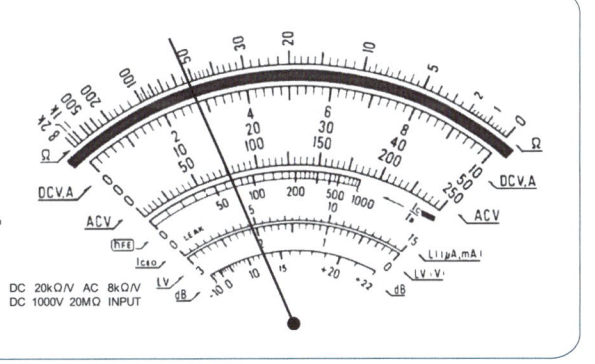

使用數位複用表測量電壓的操作更為簡便，只要選用適當的檔位，將測試棒接到待測端，即可直接讀取測量值。當測試棒正負反接時，數位電表會自動顯示負值電壓。若待測電壓超出測試範圍，則會顯示溢位訊息（-E-）或是自動跳到更高檔位。在這裡以圖 2-8 固緯電子（GWIINSTEK）GDM-8255A 為例，說明數位複用表測量電壓的操作步驟。由於 GDM-8255A 屬於高階數位複用表，相對於較簡易的手持式的數位複用表來說，功能較多，操作也較為繁複。因此只要了解其使用，就能操作其他各種不同數位複用表。

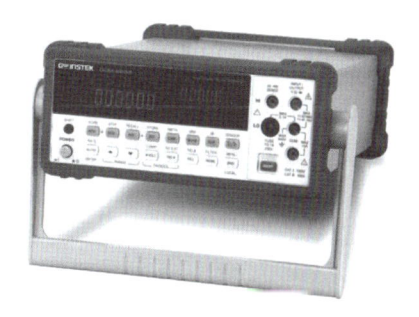

▲ 圖 2-8　GDM-8255A 數位式複用表

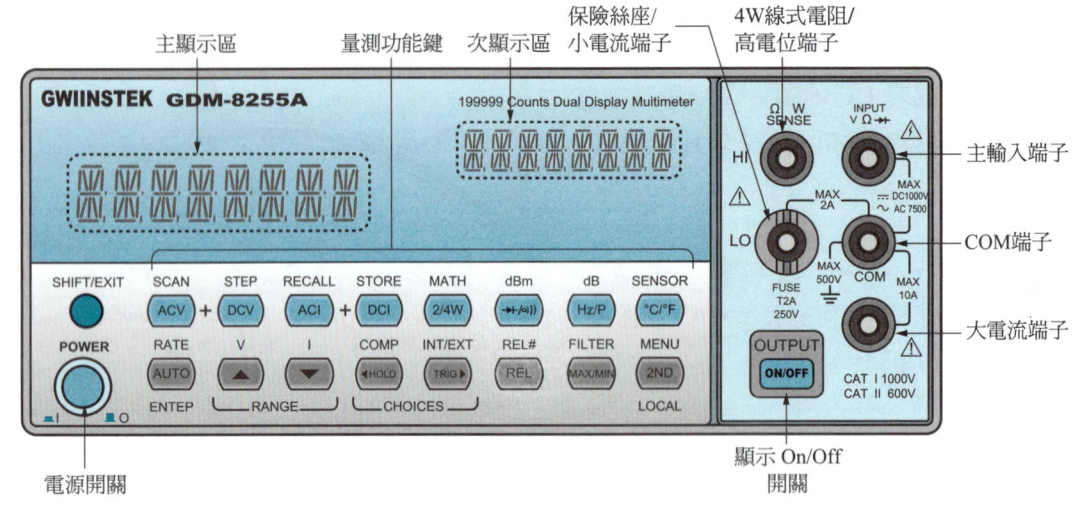

圖 2-9 GDM-8255A 前面板各部說明

　　GDM-8255A 前面板如圖 2-9 所示，分為輸入端子、顯示區及測量功能鍵等部分：

1. 輸入端子均有圖示說明，分為主輸入端子（INPUT，電壓、電阻測量）、高壓端子（HI，高壓及 4 線式電阻量測）、電流端子（LO，2A 以下電流測量）、大電流端子（10A，超過 2A 電流測量）以及共同/接地端子（COM，測量參考點）等。

2. 顯示區分為主顯示區（左邊）及次顯示區（右邊）。主顯示區主要顯示測量數值，而次顯示區則顯示參考值或是特殊功能的附加指示。

3. 測量功能鍵可選擇各項測量功能，具有多工式選項，使用「SHIFT」按鍵選擇不同功能。按下「SHIFT/EXIT」鍵，可進入按鍵上方藍色標示功能。

4. 其他按鍵：電源按鍵可開啟/關閉電源。顯示開關（OUTPUT）可控制顯示幕開啟，或者在自動量測時關閉顯示幕。

　　主要功能及操作說明如下：

1. 最大顯示位數：$5\frac{1}{2}$ 位（最大顯示 199,999）。

2. 測量功能：交流電壓（ACV）、交流電流（ACI）、直流電壓（DCV）、直流電流（DCI）、2 線/4 線式電阻量測、短路蜂鳴指示、二極體測試、頻率量測、交流有效值（true RMS）或交流＋直流有效值（true RMS）。

3. **指示功能**：最大值 / 最小值、相對值、比較、dBm、鎖定（Hold）及自動鎖定（Auto Hold）。

4. **輸入安全範圍**：最大輸入電壓 DC1000V/AC750V、最大輸入電流 DC10A/AC10A。

5. 開啟電源時儀表先完成自動檢測，之後進入量測顯示畫面。若顯示幕沒有正常顯示，檢查是否忘了按下顯示開關「ON/OFF」鍵。

若要量測直流電壓時選擇「DCV」，待測探棒接到主輸入端子（紅）及 COM 端子（黑），將探棒與待測端並聯，則可在顯示幕上讀得測量數值，以圖 2-10 為例，可直接讀取測量電壓為 9.1998V。由於此實測使用的電源與圖 2-7 三用電表測量相同，比較可知三用電表測量之誤差。

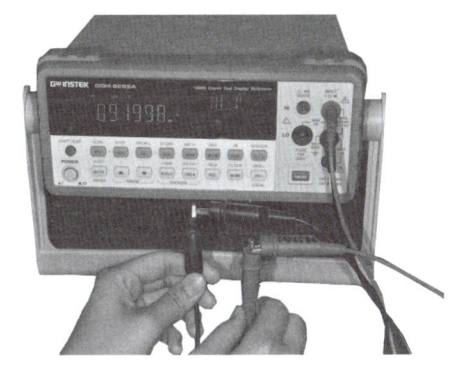

▲ 圖 2-10　DMM 測量直流電壓

一般檔案選擇可使用自動調整（AUTO），也可視需要，使用檔位選擇 RANGE 按鍵向上（▲）或向下（▼）調整。在顯示幕上除了會有檔位指示，也可以看到小數點的位置隨著檔位變化。

例題 6

如圖 2-10 之測量結果，試問儀表解析度及有效位數？

解 由圖示可讀得測量值為 9.1998V，有效位數 5 位。滿刻度 10V，最大可指示 10.0000V，解析度為 0.0001V。

除了基本的量測，GDM-8255A 提供許多好用的**特殊測量功能**：

1. **極值測量**：在某些情況下，例如：電池供電到馬達上，當馬達負載改變時，電池電壓可能會變動。此時若必須測量動態電壓之極值（最大值／最小值），可以按下「MAX/MIN」按鍵，在顯示幕上（右邊次顯示幕）會依序顯示測量過程中最大及最小測量值，如圖 2-9。只要長壓按鍵 2 秒，或再按一次「DCV」按鍵，即可解除此功能。

2. **相對值測量**：按下「REL」按鍵，目前所顯示的測量值就被記錄下來，做為參考值。接著會在主顯示幕上指示測量值與參考值的相對值（差異值），參考值則會被顯示在次顯示幕上。參考值可以手動設定。依序按下「SHIFT」、「REL」按鍵，進入數值設定畫面，再利用左右鍵移動游標，上下鍵改變各位元數字，最後按下「ENTER」鍵確認參考值，或按下「SHIFT/EXIT」鍵取消。若要取消相對值測量，只要再按一次「REL」鍵或者其他測量鍵即可。

3. **保持功能**：按下「HOLD」按鍵，將目前的測量值保留，此時主顯示幕將顯示保留值。同時次螢幕上會顯示保留百分比，若測量值未超出保留值的百分比例，則持續顯示保留值；直到測量值超出（大於或小於）此百分比，則更新顯示數值。保留百分比可由上下鍵調整。長按「HOLD」按鍵或按下其他測量按鍵則可退出保持功能。

以上介紹的幾項功能，在做動態測量時非常好用。這些功能不僅使用在直流電壓量測，其他的測量也能適用。除此之外，還有許多特殊測量功能在此不多做敘述，操作的方法大同小異，有需要可以參考使用手冊或是官網的介紹。

使用手持式數位複用表測量時方法大同小異，只是大多數的手持式數位複用表是使用撥盤選擇測量功能。如圖 2-11 為手持式複用表測量直流電壓，選擇滿刻度 20V 檔位，讀得數值為 9.19V。本次測量與前面的兩個測量範例皆使用相同電源，可以與三用電表及高階 DMM 測量結果做比較。

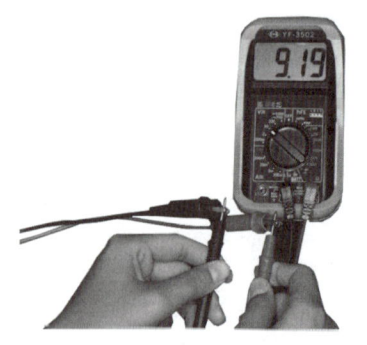

🔺 圖 2-11　手持式複用表測量

測量電壓時，電壓表內阻愈大愈好，理想的電壓表內阻為**無窮大**，否則會產生負載效應，影響測量的準確性。一般三用電表之內阻等於電表靈敏度乘以滿刻度電壓值（$R = S \times V$）；數位複用表為 10MΩ；電子電壓表為 10MΩ；示波器為 1MΩ（使用衰減探棒 10MΩ）。這也是以上三個測量範例中，三用電表測量誤差較為明顯的原因之一。

例題 7

如圖所示電路，待測端電源內阻為 1kΩ，若三用電表靈敏度 2kΩ/V，採用 DC 10V 檔位測量，試求測量之結果及誤差百分比？

解 電壓表內阻 $R_V = 2\text{k}\Omega/\text{V} \times 10\text{V} = 20\text{k}\Omega$

測量值應為 $M = 10\text{V} \times \dfrac{20\text{k}\Omega}{1\text{k}\Omega + 20\text{k}\Omega} = 9.52\text{V}$

$\varepsilon\% = \dfrac{9.52 - 10}{10} \times 100\% = -4.8\%$

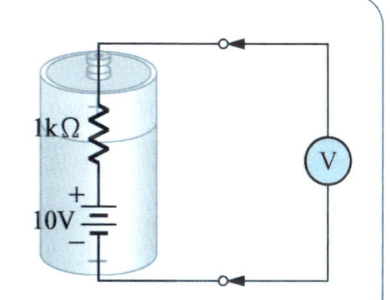

2-2-2 測量交流電壓

由於 PMMC 表頭為電流平均值偏轉，故測量交流電時需配合整流電路，三用電表之交流電壓測量電路採用如圖 2-12 所示，為半波整流式電表電路。依正弦波形計算，經整流後所得之平均值為輸入電壓有效值之 0.45 倍。因此，若使用相同的表頭電路，則整流式交流電表的靈敏度（內阻）僅為直流式電表的 0.45 倍，內阻變小則相對負載效應較測量直流時更明顯，效果較差。

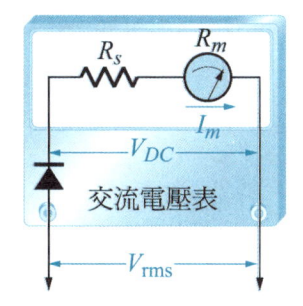

▲ 圖 2-12 半波整流式交流電壓表電路

電子儀表量測

> **例題 8**
>
> 一滿偏電流 50μA 的 PMMC 式表頭,經半波整流後,試求其交流電表靈敏度?
>
> **解** $S_{DC} = \dfrac{1}{I_m} = 20\text{k}\Omega/\text{V}$　　$S_{AC} = 0.45 \times S_{DC} = 9\text{k}\Omega/\text{V}$

又因為三用電表測量交流電壓的指示值為偏轉量的 2.2 倍（$V = 2.2 \times V_{DC}$），所以刻度必須是實際偏轉量的 2.2 倍。**由於半波整流式交流電壓表偏轉電流與輸入電壓有效值的比例是由正弦波的參數計算所得,因此不能用來直接測量非正弦波。**

使用三用電表測量交流電壓,需將刻度轉至 ACV 位置,ACV 由滿刻度 10V～1000V 共有 5 個檔位,刻度盤同樣分為 3 種刻度。測量交流電壓方法與測量直流相同,但需注意由於交流刻度必須校正低電壓時整流二極體的非線性特性,在 10V 檔位時其刻度與直流刻度不同,通常在直流刻度下方,會用紅色特別標示,不可以搞錯。如圖 2-13 為三用電表測量交流電壓,選擇 ACV 10V 檔位,實測讀數為 6.45V（ACV 10V 要看下方紅色刻度,每一小刻度表示 0.2V）。**交流刻度讀數為待測交流電壓的有效值。**

▲ 圖 2-13　三用電表測量交流電壓（右圖為刻度盤放大圖）

使用數位複用表測量交流電壓步驟與直流大致相同，以 GDM-8255A 為例：按下「ACV」按鍵，將探棒與待測端並聯，即可讀出交流電壓有效值。若待測電壓為交直流複合波形，則可同時按下「ACV」和「DCV」，則可測量複合波形之總有效值（$\sqrt{AC^2 + DC^2}$）。而手持式數位複用表測量的操作，在此就不再多做贅述，測量結果可參考圖 2-14。同樣可以試著跟三用電表的測量結果比較一下。

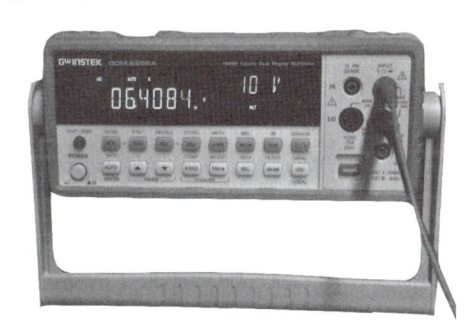

▲ 圖 2-14　數位複用表測量交流電壓

例題 9

由上述三個儀表測量結果，試比較三用電表、手持式 DMM 及高階 DMM 三者的差異？

解

	高階 DMM（$5\frac{1}{2}$位）	手持式 DMM（$3\frac{1}{2}$位）	三用電表
測量值	6.4084V	6.41V	6.45V
有效位數	5 位	3 位	3 位
解析度	0.0001V	0.01V	0.02V
準確度	高	中	低

2-3 電流測量

前述之三用電表（VOM）、數位式複用表（DMM）皆具有測量電流功能，但三用電表不能測量交流電流。一般測量電流時儀表探棒必須與待測端串聯，也就表示電路必須先開路才能測量電流，但是鉤表只需將測量鉤環跨過待測導線，即可直接測量電流。其他儀表如：示波器（Oscilloscope），則需配合電流探棒才能測量電流。

2-3-1 直流電流測量

類比式電流表可由電表頭並聯一倍率電阻組成，如圖 2-15 為三用電表基本電流表電路，R_h 為並聯的倍率電阻。

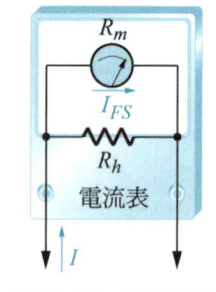

▲ 圖 2-15 基本電流表電路

例題 10

使用一滿刻度 500mA，電阻為 1kΩ 的電表頭，若要擴展滿刻度電流為 1A，試求並聯電阻值？

解 由並聯電路特性：$I_m \cdot R_m = (I - I_m)R_h$ $R_h = \dfrac{I_m}{I - I_m} \cdot R_m$ $R_h = \dfrac{500\text{mA}}{1\text{A} - 500\text{mA}} \times 1\text{k}\Omega = 1\text{k}\Omega$

若定義擴展率為：

$$N = \frac{擴展電壓}{表頭滿刻度電壓}$$

則並聯倍率電阻為：

$$R_h = \frac{R_m}{(N-1)}$$

例題 11

某直流電表滿刻度電流 0.1A，電阻 900Ω，若以此電表設計滿刻度 1A 的直流電流表，試求，試求其應並聯之倍率電阻值？

解 擴展率 $N = \dfrac{1\text{A}}{0.1\text{A}} = 10$，倍率電阻 $R_h = \dfrac{R_m}{(N-1)} = \dfrac{900}{9} = 100\Omega$

證明：$R_h = \dfrac{I_{FS}}{I - I_{FS}} R_m$　上下同除 I_{FS}

可得　$R_h = \dfrac{1}{(\dfrac{I}{I_{FS}})-1}$　　$R_h = \dfrac{R_m}{(N-1)}$

例題 12

如圖之多檔位電流表，若 $I_{FS} = 100\mu\text{A}$，$R_m = 0.9\text{k}\Omega$，試求倍率電阻值？

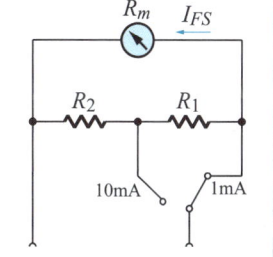

解 (1) 1mA 檔位
$I_{FS} \times R_m = (1\text{m} - I_{FS})(R_1 + R_2)$　　$0.1\text{m} \times 0.9\text{k} = 0.9\text{m}(R_1 + R_2)$
$R_1 + R_2 = 0.1\text{k}\Omega$ ……①

(2) 10mA 檔位
$0.1\text{m}(R_1 + R_m) = 9.9\text{m}(R_2)$　　$R_1 + 0.9\text{k} = 99R_2$ ……②

(3) 由②可得　$R_1 = 99R_2 - 0.9\text{k}$　代入①式
$100R_2 = 0.1\text{k} + 0.9\text{k}$　∴ $R_2 = 0.01\text{k}\Omega$
代入②式　$0.99\text{k} - 0.9\text{k} = 0.09\text{k}\Omega$

三用電表測量電流的操作方法與電壓表大致相同,同樣必須注意極性和檔位大小的問題,測量時將撥盤撥到測量電流檔位,儀表要與待測端串聯即可,如圖 2-16,選擇檔位 DCmA 25,判讀時指針對齊滿刻度 250 的刻度盤(每刻度為 0.5mA),讀取數值約為 14.9mA。

▲ 圖 2-16　三用電表直流測量(右圖為刻度盤放大圖)

特別要提醒一件事,由於直流電流表的分流電路設計,使得在撥動撥盤時,會出現分流電阻迴路開路狀態,造成大量電流直接灌入表頭,非常容易造成表頭損壞。因此,**在測量電流旋轉撥盤選擇檔位時,必須將探棒暫時離開待測端。**

例題 13

三用電表測量電流,使用 25mA 檔位,指針偏轉如右圖所示,試求其測量值?

解　依 DCVA250 刻度判讀,指示值為 175

測量值 $\dfrac{I}{25\text{mA}} = \dfrac{175}{250}$　$I = 17.5$ mA。

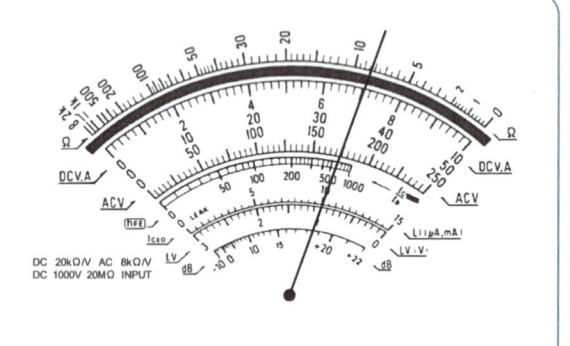

數位式複用表的測量方法,同樣以 GDM-8255A 來說明:連接探棒至輸入端,此時要注意若是測量電流小於 2A,探棒接到 LO(紅棒)及 COM(黑棒);測量電流大於 2A(最大 10A),則接到 10A(紅棒)及 COM(黑棒)。將待測點與探棒串聯,按下「DCI」按鍵,即可在顯示幕上讀出測量值,若出現負值表示電流方向是由 COM 流入,如圖 2-17。與測量電壓相同,通常使用 AUTO 自動選擇,或者利用上下鍵(RANGE)自行調整檔位。

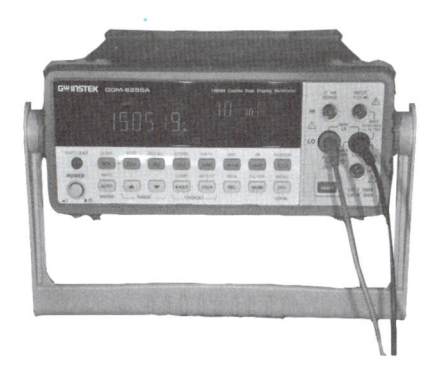

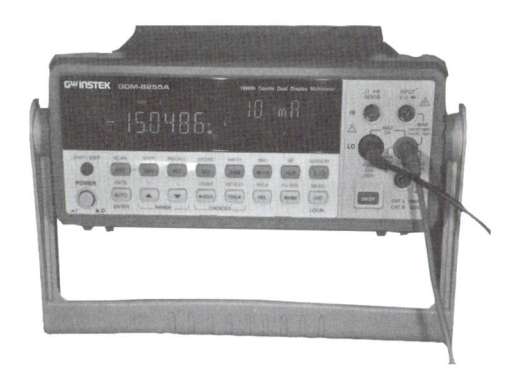

▲ 圖 2-17　DMM 測量直流電流（電流反接顯示負號）

電流表內阻愈小愈好，理想電流表內阻應為 0，若不為 0 則產生負載效應，會影響到測量的準確性。

例題 14

電流表內阻為 100Ω，測量如圖電路電流，試求其誤差百分比？

解
$$I = \frac{10\text{V}}{1\text{k}\Omega} = 10 \text{ mA}$$

$$M = \frac{10\text{k}\Omega}{(1\text{k}+100)\Omega} = \frac{10}{1.1\text{k}\Omega} = 9.09 \text{ mA} \quad \varepsilon\% = \frac{(9.09-10)\text{mA}}{10\text{mA}} \times 100\% = -9.1\%$$

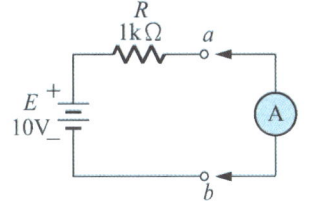

夾式電表測量電流不需將待測點開路，只需將夾頭圈繞在待測導體上即可得到電流讀數。其測量原理是利用霍爾效應。霍爾元件可將電流流經導體所產生的磁場強度轉換為電壓，由於輸出電壓與磁場（導體電流）成正比，藉著測量輸出電壓值，即可計算轉換為對應的電流值。

由於測量電流不需開路，同時因為太小的電流產生的磁場太低不利於感測，因此常用在大電力電路測量，像是測量冷氣機的工作電流。如圖 2-18 為 ESCORT ECT-689 數位夾式電表，提供交直流電壓電流測量功能。

▲ 圖 2-18　數位夾式電表

使用夾式電表時測量時要注意先歸零，以避免環境磁場的干擾，如圖 2-19 所示為夾式電表測量電流的方法。夾式電表一般也附加有測量電壓及電阻的功能，使用方法同一般手持式數位複用表。

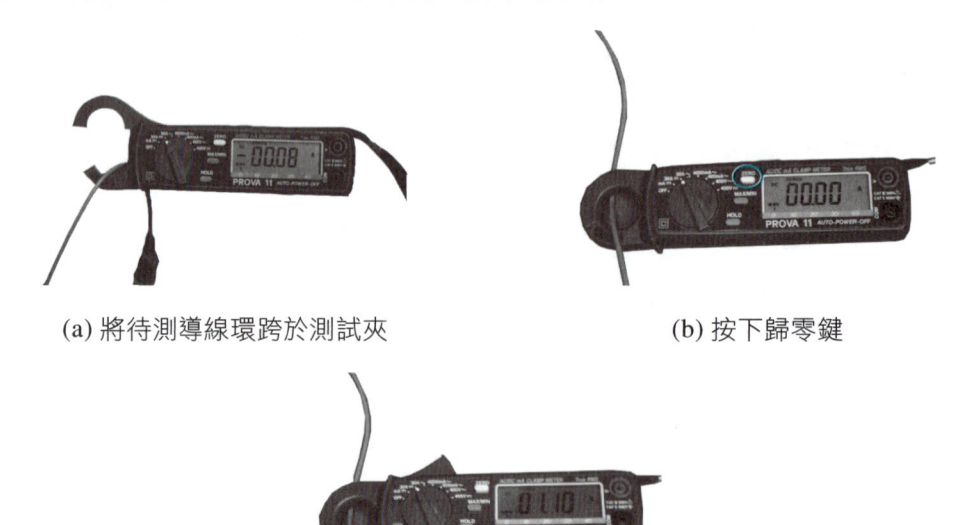

(a) 將待測導線環跨於測試夾

(b) 按下歸零鍵

(c) 電流通過時即可讀出數值

▲ 圖 2-19　夾式電表（鉤表）測量電流

測量電壓及電流除了可以使用電表直接量測之外，可以用測量流過電阻電壓的方式間接測量。

例題 15

使用 $3\frac{1}{2}$ 位誤差為 $\pm(1\%rdg + 1dgt)$ 的數位電表，測量色碼為棕黑紅金電阻兩端電壓，得到 25.2V 的讀數，試求電阻電流及可能之誤差百分比？

解 (1) $3\frac{1}{2}$ 電表測量 25.2V；表示滿刻度 200V，解析度 0.1V

$$\varepsilon = 1\% \times 25.2 + 0.1 = 0.352 \quad \varepsilon\% = \frac{0.352}{25.2} \times 100\% \fallingdotseq 1.4\%$$

(2) 電阻 $R = 10 \times 10^2 \pm 5\% = 1k \pm 5\%$

(3) 電流 $I = \frac{25.2V}{1k\Omega} \pm (1.4\% + 5\%) = 25.2mA \pm 6.4\%$

2-3-2　交流電流測量

傳統三用電表無法直接測量交流電流，但一般 DMM 與鉤表都有測量交流電流的功能。以 GDM-8255A 為例：按下「ACV」按鍵即可讀出待測端的交流電流有效值，如圖 2-20。

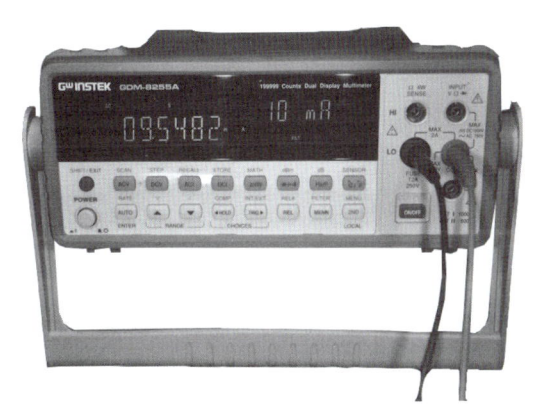

△ 圖 2-20　測量交流電流

由於選取自動檔位選擇（AUTO），所以電表指示滿刻度 10A 檔位，測量值為 0.0108A；此時若按▼自行調整檔位到 10mA 檔位，則如圖 2-20，顯示 9.5482mA，測量值更為精確。

除了測量純交流電流有效值之外，同時按下「ACI」和「DCI」鍵，則可測量交直流複合波形有效值。

夾式電表測量交流電流的方式也很容易，與直流電流測量相同，將讀數歸零，將測量端環掛在待測導線上即可讀出測量電流有效值。

電壓及電流也可以使用示波器測量，測量波形後再計算有效值或平均值。或者使用數位式示波器的波形分析功能，同樣也可以直接測得所需的數據，直流交流都適用。有關這部分的間接測量或者是功能操作的方法，留到波形測量的章節再做敘述。

重點掃描

1. 測量電壓儀表有三用電表、數位式複用表、示波器等；測量電流可使用三用電表、數位式複用表、夾式電表等。
2. 類比式電表指示量與 PMMC 表頭平均電流成正比；數位式電表指示值與輸入電壓量成正比。
3. 電表表頭靈敏度為滿刻度電流倒數 $S = \dfrac{1}{I_{FS}}$
4. 類比式電表判讀時需依檔位以指示刻度，數位式電表直接讀取測量數值。
5. 類比式電壓表由 PMMC 表頭串聯倍率電阻組成；電流表由表頭並聯倍率電阻組成。
6. 理想電壓表內阻愈大愈好；理想電流表內阻愈小愈好。
7. 三用電表靈敏度為滿刻度電流的倒數，標示為單位電壓內阻，$S = k\Omega／V$。
8. 三用電表電壓檔內阻為靈敏度與電壓滿刻度乘積，$R = S \times V$。
9. 測量電壓與待測點並聯；測量電流與待測點串聯（夾式電表除外）。
10. 三用電表測量交直流電壓、直流電流，但不可直接測量交流電流。
11. 三用電表交流電壓測量僅適用於正弦波交流，測量值為正弦波交流有效值。
12. 三用電表 AC 檔位為半波整流式電表，指示值為偏轉量 2.2 倍。
13. 三用電表測量電壓、電流時，應由最高檔位開始量測，避免超出量測範圍。
14. 三用電表測量電壓、電流時注意極性。
15. 三用電表 ACV 刻度與 DCV 不同，判讀時必須注意。
16. 數位式儀表優點：減少人為誤差、使用方便、機械強度較佳、容易提高精確度、容易小型化、輕量化、適合自動化。

重點掃描

17. 傳統三用電表無法直接測量交流電流，但一般 DMM 與鈎表都有測量交流電流的功能。

18. 手持式數位式複用表（DMM）操作與三用電表大致相同，另外增加交流電流測量功能，也能顯示正負號，測量時不用考慮電壓及電流方向。

19. 高階 DMM 具有自動量測功能（AUTO RANGE），能夠自動跳檔不需手動選擇顯示檔位。

20. 一般電表大電流測量輸入端不同，測量大電流時必須注意。

21. 夾式電表（鈎表）藉霍爾元件測量電流產生的磁場，以獲得流經導體的電流量。使用時必須先歸零，以避免環境磁場的干擾。

課後習題 2

選擇題

( ) 1. 使用三用電表直流電壓 250V 檔位測量交流 110V 電源電壓，結果應為　(A) 儀表燒毀　(B) 指示 110V　(C) 指示 156V　(D) 指示 0V。

( ) 2. 三用電表 10VDC 檔位誤差為 5%，若測量電壓讀數為 8V，試求其誤差百分比應為　(A)5　(B)5.25　(C)6.25　(D)8　%。

( ) 3. 使用靈敏度 2kΩ/V 電表頭，設計滿刻度 50V 的電壓表，試求電壓表內阻值　(A)100k　(B)50k　(C)20k　(D)18k　Ω。

( ) 4. 內阻 2kΩ，靈敏度 20kΩ/V 的表頭，若要組成滿刻度 25V 的電壓表，要串聯的電阻值為　(A)18　(B)48　(C)480　(D)498　kΩ。

( ) 5. 同上題表頭，若並聯 1kΩ 電阻，測量的滿刻度電流值為　(A)50μ　(B)100μ　(C)0.15m　(D)1.5m　A。

( ) 6. 三用電表交流電壓量測刻度為非線性刻度，原因是
(A) 補償電阻誤差值　　(B) 補償溫度變化
(C) 補償二極體特性　　(D) 補償電容暫態。

( ) 7. 理想電壓表內阻應為　(A)0　(B) 無窮大　(C) 與電壓檔位成正比　(D) 與電壓檔位成反比。

( ) 8. 電流表內阻愈大，產生的測量誤差
(A) 愈大　(B) 愈小　(C) 與內阻無關　(D) 依測量方法而定。

( ) 9. $3\frac{1}{2}$ 數位電壓表，撥到滿刻度 20V 檔位，最高顯示值為？
(A)20.00　(B)20.0　(C)19.00　(D)19.99。

( ) 10. 測量峰值 22V 的正弦波，三用電表應使用哪一個檔位？
(A)50V　(B)25V　(C)10V　(D)5V。

(　　) 11. 下列何者不需斷路即可直接測量電流？
(A) 三用電表　(B) 數位複用表　(C) 夾式電表　(D) 以上皆非。

(　　) 12. 數位式電流表，若指示電流 25.34 mA，其位數應為
(A) $2\frac{1}{2}$　(B) $3\frac{1}{2}$　(C) $4\frac{1}{2}$　(D) $5\frac{1}{2}$　位。

(　　) 13. 使用示波器測量 5kΩ 電阻兩端電壓峰值為 12V，試求其電流有效值應為　(A)0.6　(B)0.9　(C)1.7　(D)2.4　mA。

(　　) 14. 下列何者非數位式複用表內部結構
(A) A/D 轉換器　　　　(B) 微處理器
(C) PMMC 表頭　　　　(D) 顯示電路。

(　　) 15. 下列何者為數位式複用表與一般三用電表比較之優點
(A) 判讀誤差較小　　　(B) 機械強度較高
(C) 精確度較高　　　　(D) 以上皆是。

(　　) 16. 數位式複用表顯示位數愈高代表
(A) 耐用度愈高　　　　(B) 有效位數愈多
(C) 測量範圍愈大　　　(D) 耐用度愈高。

(　　) 17. 數位複用表不能直接測量
(A) 交流電壓　(B) 交流電流　(C) 電功率　(D) 直流電流。

(　　) 18. 高階數位複用表具有 4 線式電阻測量功能，主要用來測量
(A) 高電阻值　　　　　(B) 中電阻值
(C) 低電阻值　　　　　(D) 電容直流電阻。

(　　) 19. 使用夾式電表測量電流時，為避免環境磁場的干擾，必須要先
(A) 隔離　(B) 歸零　(C) 重複測量　(D) 使用磁通計校正。

(　　) 20. 變壓器輸出 12V 交流電經過全波整流後，以三用電表 ACV 檔測量，試求電表指示值
(A)12　(B)8.48　(C)7.63　(D)23.8　V。

問答題

1. 試說明使用 PMMC 表頭應注意哪些事項？
2. 試比較類比式儀表與數位式儀表有何差異？
3. 試說明數位式複用表比起三用電表較容易提高精確度的原因？

3 波形與頻率觀測

3-1　測量儀表基本原理

3-2　波形測量

3-3　波形值計算

3-4　X-Y（李賽氏 Lissajous圖形）觀測

3-5　頻域測量（頻譜分析）

3-6　頻率測量

3-1 測量儀表基本原理

觀測波形與特性常用儀表為示波器，依顯示及訊號處理方式的不同，可分為使用陰極射線管（CRT）的類比式示波器，以及使用液晶顯示器（LCD）的數位式示波器兩大類。以下就此兩種示波器的基本原理說明。

3-1-1 類比式示波器

類比式示波器，如圖 3-1，以陰極射線管（CRT）為顯示元件，其基本結構如圖 3-2 所示，包含陰極射線管、輸入衰減網路、垂直放大電路、同步觸發電路、掃描信號（鋸齒波）產生電路、水平放大電路等。

▲ 圖 3-1 類比式示波器

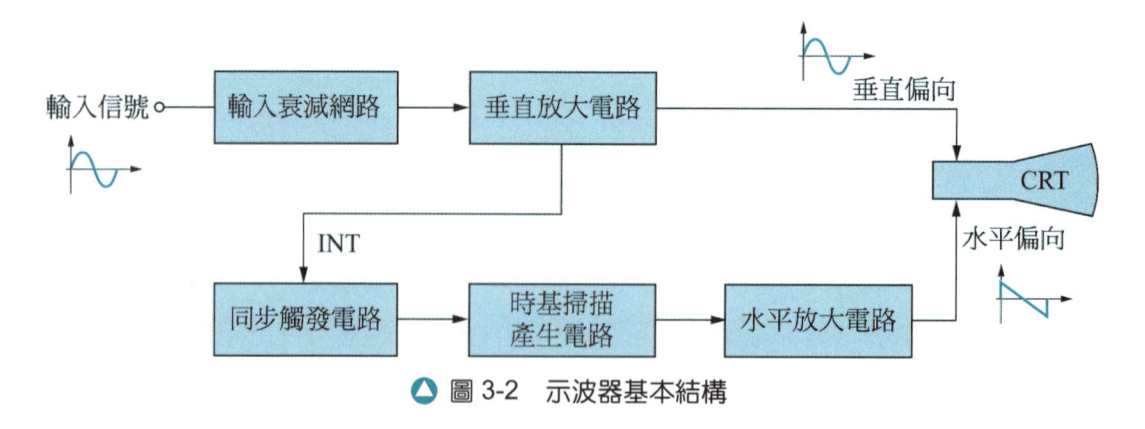

▲ 圖 3-2 示波器基本結構

陰極射線管的結構如圖 3-3 所示，由陰極產生的電子，經由柵極、預加速陽極、聚焦陽極、加速陽極作用後，形成一電子束射入偏向板。陰極射線管採靜電偏向，垂直偏向量由待測信號控制；水平偏向由掃描信號控制，藉以控制電子束的行進，而撞擊螢幕上塗佈的螢光物質，形成連續亮點，顯示待測波形。

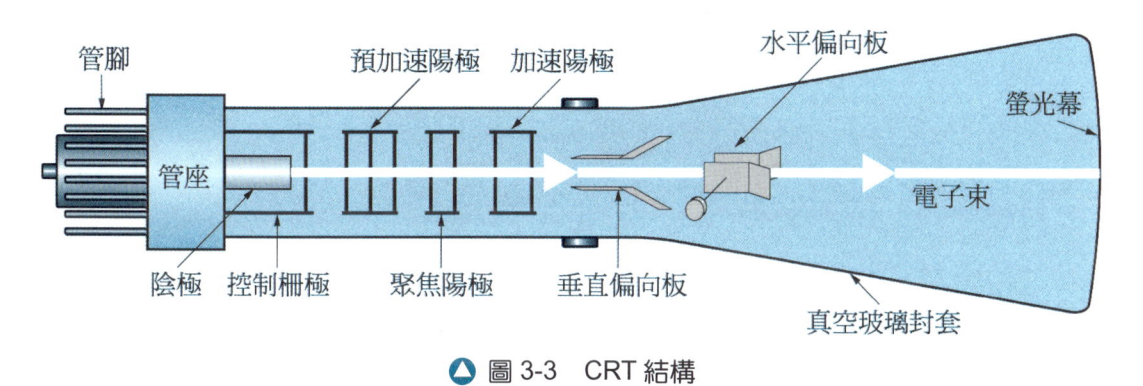

▲ 圖 3-3　CRT 結構

待測信號經由輸入衰減網路調整比例後，進入垂直放大電路放大信號，送至陰極射線管的垂直偏向板。同時由同步觸發電路控制掃描信號產生電路輸出一與待測信號同步之鋸齒波，經水平放大電路放大信號，送至陰極射線管的水平偏向板。電子束同時受到垂直（輸入波形）與水平（掃描鋸齒波）產生的偏向力量，快速在螢幕上描繪出波形軌跡。示波器的成像原理可以參考圖 3-4 所示。

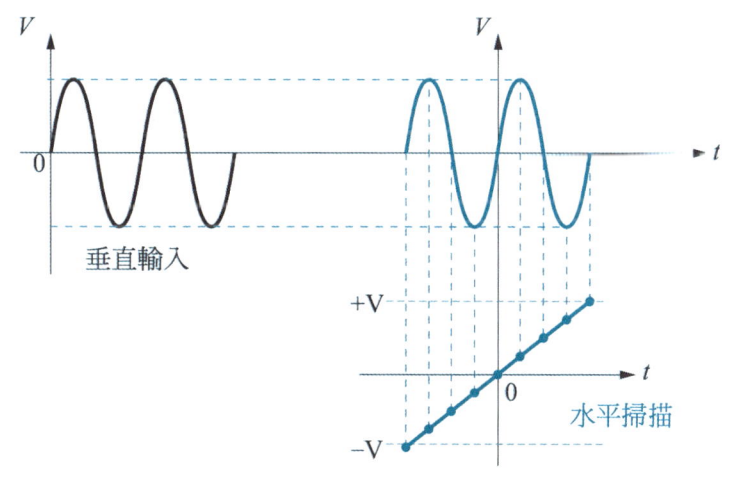

▲ 圖 3-4　示波器成像原理

3-1-2　數位式示波器

數位式示波器，如圖 3-5 之太克（Tektronix）TDS 220，其工作原理與類比式示波器完全不同，基本上可說是一部波形分析儀。由於操作方便，功能強大，已漸漸取代傳統類比示波器。

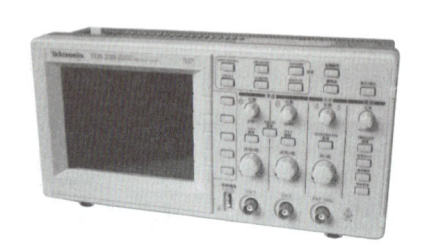

▲ 圖 3-5　數位式示波器

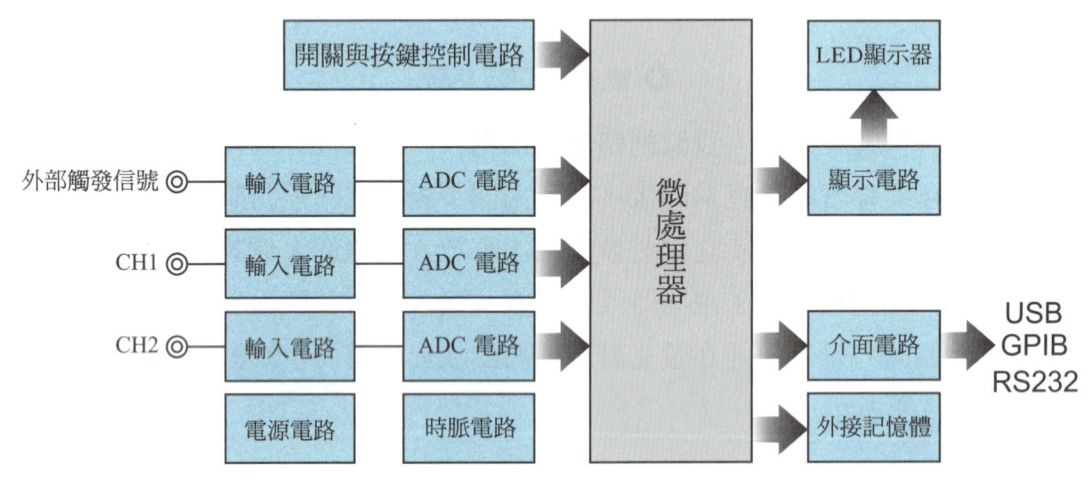

▲ 圖 3-6　數位式示波器方塊圖

各家廠商數位式示波器的功能與電路設計各不相同，有的包括複雜的波形分析或是訊號處理功能，或是加上不同的保護電路、散熱控制等，但一般數位式示波器的結構，可以用圖 3-6 數位式示波器方塊來說明。輸入電路將外部輸入類比信號經由放大（或衰減）處理後，經 ADC（類比轉數位）電路，得到波形對應數碼，再經由微處理器做運算分析。分析後所得到的資料，配合控制程式，將對應波形輸出到 LCD 螢幕顯示。同時微處理器可以將分析所得波形資料輸出到記憶體儲存，或經由介面電路與外部儀器或電腦連接，做自動化量測控制或是更進一步的應用。操作者則是藉由開關及按鍵，控制微處理器的功能運作。而時脈電路提供數位訊號取樣、處理所需的各種時脈訊號，電源電路則是提供各電路穩定直流電源。

數位式示波器操作與類比式示波器大同小異，同樣具有垂直信號控制、水平掃描控制以及同步觸發控制等操作，只是所有操作的設定值大多採多工設計，按鍵與旋鈕必須配合螢幕的顯示選擇。另外，數位式示波器操作較為簡便，具有自動設定按鍵，示波器會自動根據波形資料，計算最佳的設定值來顯示波形，省去很多調整步驟。同時，波形觀測時可以使用 MEASURE（量測）功能，計算波形頻率、週期、波幅、平均值等參數，或是操作 CURSOR（游標）模式，量測波形任何兩點時間或電壓間距。

　　除了上述差異，高階數位式示波器配有波形記錄功能，可將波形資料記錄後存成檔案，使用者可經由 USB 介面提取檔案。另外，也能經由 USB 介面與 PC 連接，配合特定程式進行波形分析及各種運算。

3-2 波形測量

3-2-1 類比式示波器測量

如圖 3-7 為一般常用類比式示波器面板，主要可分為顯示螢幕、垂直控制、水平控制及同步控制等部分。

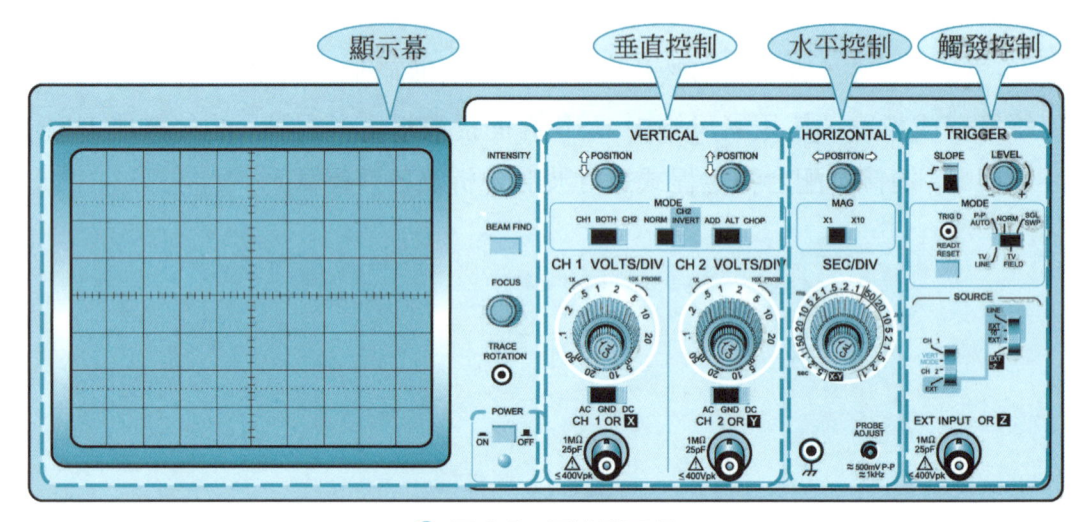

▲ 圖 3-7　示波器面板

各部分操作及功能如下：

1. **顯示幕**：垂直刻度代表電壓軸，分為 8 格（DIV），每一格分為五等分，每一等分代表 0.2 格；水平刻度代表時間軸，分為 10 格，每格同樣分為五等分，配合垂直及水平檔位，可判讀待測波形電壓及週期。

2. **亮度（INTENSITY）**：調整 CRT 柵極電壓，以改變顯示亮度。

3. **聚焦（FOCUS）**：調整 CRT 陽極電壓，以改變螢光線條對焦。

4. **垂直控制**：

    (1) 輸入交連開關：

    ① DC：信號直接交連，包含直流及交流成分。

    ② AC：信號經電容交連，僅顯示交流成分。

    ③ GND：輸入端接地，無信號輸入，可在設定基線時使用。

(2) 垂直增益：用來選擇衰減網路之衰減比，指示每格電壓值（V/DIV）。另外附有微調旋鈕（VARIABLE），可調整垂直放大器之增益。微調須置於校準（CAL）位置時讀數才準確。

(3) 垂直位置調整（V-POS）：上下調整時基線位置。

5. 水平控制：

(1) 水平掃描時間：調整時間軸每格所代表的時間（TIME/DIV）。選擇值愈大則每格時間代表時間愈大，波形顯示部分愈寬，反之則波形愈窄。應調整到螢幕能顯示 3～5 個週期的波形為最佳。另外附有微調旋鈕（VARIABLE），可任意改變掃描時間以便觀測信號波形，如想測量實際每公分所代表的時間，則需將此旋鈕置於校準（CAL）位置。

(2) 水平位置調整（H-POS）：控制水平差動式放大電路兩輸出鋸齒波之直流偏差量，可使螢光幕光跡左右移動。

(3) 掃描模式選擇：

① 單跡掃描（CH1、CH2）：僅單獨顯示 CH1 或 CH2 波形。

② 切割掃描（CHOP）：以切割方式同時顯示波形，適合低頻波形觀測。

③ 交替掃描（ALT）：以交替方式同時顯示波形，適合高頻波形觀測。

④ 相加模式（ADD）：顯示 CH1+CH2 波形。

⑤ X－Y 模式：鋸齒波信號以輸入波形取代，做為李賽氏圖形掃描。

6. 同步控制：

(1) 觸發信號源選擇：

① 內部觸發（INT）：取自垂直放大電路，選擇待測信號為觸發源。

② 外部觸發（EXT）：觸發信號源取自外加信號。

③ 線觸發（LINE）：取自交流電源，提供電源雜訊、60Hz 信號及其倍頻信號同步。

(2) 觸發耦合方式選擇：

① AC：只容許約 60Hz 以上之觸發源信號通過，避免 60Hz 以下之信號干擾。

② DC：直接耦合觸發源信號。

(3) 觸發模式選擇：

① 一般觸發（NORM, normal）模式：完全由待測信號所產生之觸發脈波激發掃描產生器產生振盪，但是低於 20Hz 以下之觸發信號將無法產生掃描鋸齒波，亦即螢光幕上不會顯示時基線。

② 自動掃描（AUTO）模式：20Hz 以上之觸發信號，其動作與 NORM 一樣，但是 20Hz 以下信號將促使掃描產生器自由振盪—掃描鋸齒波，一方面可維持時基線的存在，二方面可觀察較低頻的信號。

③ 單擊（SGL, single）模式：只輸出單一鋸齒波做一次掃描。

(4) 觸發斜率選擇（SLOPE）：選擇觸發在波形上昇（正斜率）段，或是下降（負斜率）段。

(5) 觸發準位選擇（LEVEL）：可調整觸發準位高低，以選擇波形觸發位置，儘可能位於波形斜率較高位置，或避開波形不穩定區段，使波形穩定。

使用示波器測量波形操作步驟如下：

1. 開啟電源後，將耦合開關選擇在 GND 位置，待時基線出現後，調整水平（H-POS）及垂直（V-POS），使時基線位於適合觀測的位置。時基線代表電壓量測的參考準位（0V）。

2. 若時基線未出現，則依序檢查：

   (1) 調整亮度旋鈕，查看亮度是否不足？

   (2) 調整觸發模式，若非自動掃描（AUTO），有可能在無訊號時不會出現掃描線。

   (3) 試著轉動水平及垂直位置旋鈕，看看時基線是否超出顯示幕範圍？

   (4) 若以上各項皆檢查無誤，示波器應出現時基線，否則非常有可能是發生故障。（部分示波器有 Z 軸調變，由示波器後方 BNC 接頭輸入電壓，藉以調整亮度。若有電壓輸入，則可能造成時基線太暗無法觀測）。

3. 依測量波形選擇適當耦合開關位置：直流電壓量測必須選擇 DC 耦合；僅觀測交流波形則選擇 AC 耦合。例如：在測量整流濾波輸出信號時，若要觀測直流準位（平均值）則應調整到 DC 耦合；但要單獨觀測漣波波形，則需選擇 AC 耦合。

4. 調整穩定波形：

   (1) 選擇觸發信號源：通常使用內部觸發（INT）。

   (2) 調整觸發模式：通常使用自動掃描（AUTO）。

   (3) 調整觸發準位：調整觸發準位置於波形斜率較高處，同時應避開波形不穩定，像是有干擾的區域，較易觸發同步。

5. 調整時間檔位：調整 S/DIV 檔位使波形顯示 3～5 週期。

6. 調整電壓檔位：調整 V/DIV 檔位使波形能完全被觀測（不超出顯示幕範圍）。

7. 測量電壓時，對齊波形讀出電壓刻度（垂直刻度），再乘上電壓檔位即可測得電壓峰值（或峰對峰值）。若波形峰點不易讀出刻度，可以調整水平或垂直位置，使峰點對齊刻度線。注意使用衰減探棒時，讀數則需再乘上衰減比例（一般都是 10 倍）。

8. 同理，觀測波形時間刻度（水平刻度），再乘上時間檔位，即可測得波形週期（T）。將週期計算可得頻率值（頻率 $f = \dfrac{1}{T}$），因此可知，示波器僅能直接測量波形週期，頻率屬於間接測量所得結果。

3-2-2 數位式示波器測量

本節中以太克 TDS-2000B 數位式示波器為例，說明數位式示波器的各項操作方法。

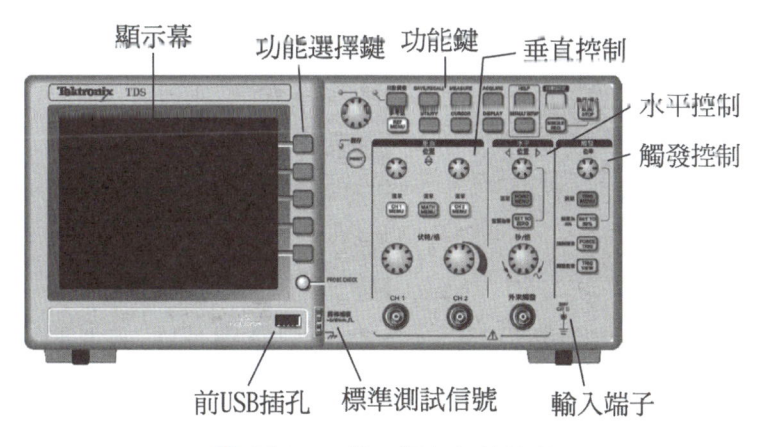

▲ 圖 3-8　前面板各部分說明

示波器前面板各部分說明：

1. **垂直控制**：如圖 3-9 為垂直控制區，分為垂直位置調整、輸入功能選單、波形運算選單、垂直刻度調整鈕等部分。

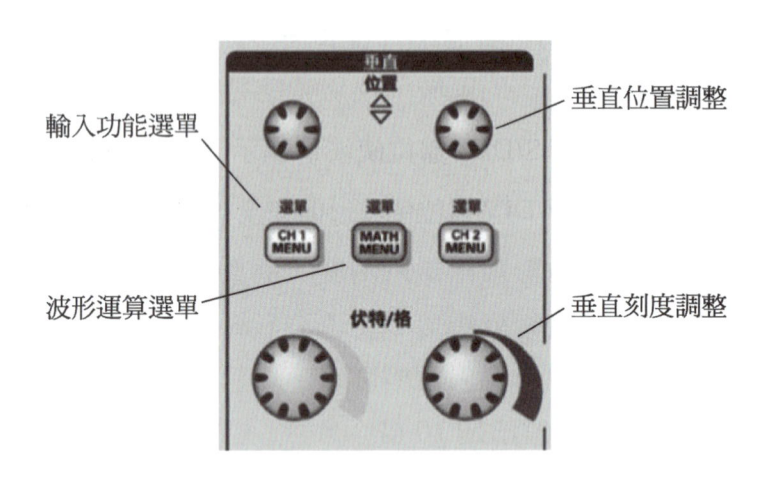

▲ 圖 3-9　垂直控制區

(1) 垂直位置調整可調整波形上、下位置。

(2) 輸入功能選單（CH1/CH2 MENU）的使用需配合螢幕右邊的顯示項目與功能選擇鍵。使用方式非常容易，按下功能選單後出現的選擇項如圖 3-10，以耦合方式選擇鍵為例，按下顯示幕右邊對應選擇鍵即可在 DC/AC/接地三者之間循環選擇。其他功能操作方式皆相同。

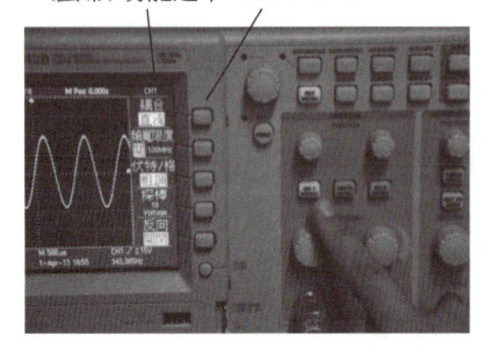

▲ 圖 3-10　輸入功能選單及功能選擇項目　　▲ 圖 3-11　波型運算選單

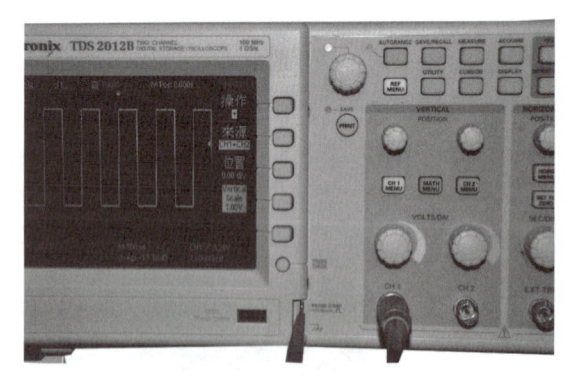

(3) 波形運算選單（MATH MENU）：提供波形加（CH1+CH2）、減（CH1–CH2）、乘（CH1×CH2）及 FFT（快速傅立葉轉換）等波形運算功能。

(4) 垂直刻度調整鈕則是調整電壓（垂直）刻度（每格電壓值，V/DIV），目前使用的刻度會顯示在螢幕下方指示區。要注意的是，由於探棒的衰減比例在測量前必須使用功能選單（CH1/CH2 MEMU）事先設定，因此顯示之刻度為實際指示刻度，與類比式示波器不同，讀出的電壓值為實際測量值不需自行計算衰減比例。

2. 水平控制：如圖 3-12 為水平控制區，分為水平位置調整，水平功能選單、設置為零按鍵、水平刻度調整鈕等。

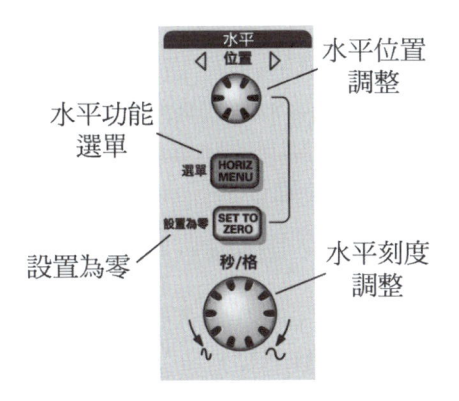

▲ 圖 3-12　水平控制區

(1) 水平位置調整可調整波形左、右位置。

(2) 水平功能選單（HORIZ MENU）的使用需配合螢幕右邊的顯示項目與功能選擇鍵，如圖 3-13。

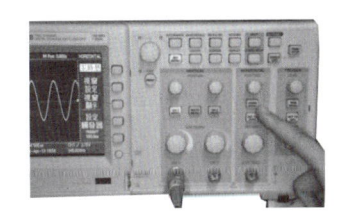

▲ 圖 3-13　水平功能選單

(3) 按下設置為零（SET TO ZERO）鍵，可將水平位置設置於零點（取樣零點設置於顯示器中央原點）。

(4) 水平刻度調整鈕可調整時間（水平）刻度（每格時間，SEC/DIV），同樣的能在螢幕下方指示區看到目前的設定值。

3. **觸發控制**：圖 3-14 為觸發控制區，有觸發準位調整鈕、觸發功能選單、設置為 50%、強制觸發、觸發監看等功能。

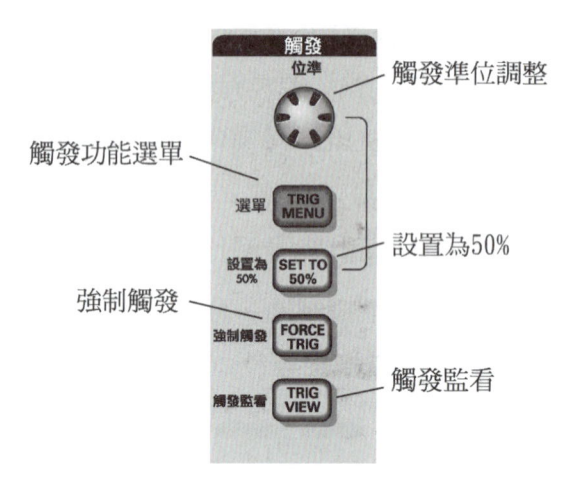

△ 圖 3-14　觸發控制區

(1) 觸發準位調整鈕可調整觸發準位，觸發準位以箭頭符號指示於顯示幕左邊。

(2) 觸發功能選單（TRIG MENU）的使用方式與前述各功能選單相同，按下後需配合螢幕右邊的顯示項目與功能選擇鍵使用。

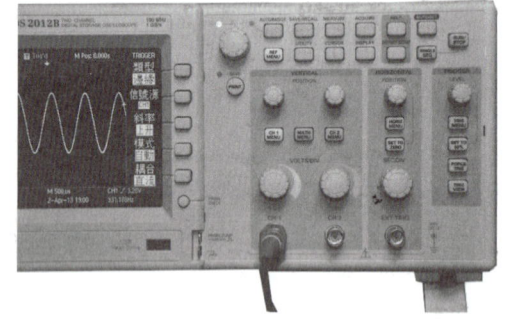

△ 圖 3-15　觸發功能選單

(3) 按下設置於 50% 鍵（SET TO 50%），自動將觸發準位訂於波形電壓峰值一半（50%）的位置。

(4) 按下強制觸發（FORCE TRIG）鍵時，無論是否正常觸發，示波器都會完成波形擷取，同時將波形顯示。

(5) 觸發監看（TRIG VIEW）按鍵則可顯示目前觸發訊號來源波形，以提供觸發設定參考。

4. 功能鍵及多工旋鈕：

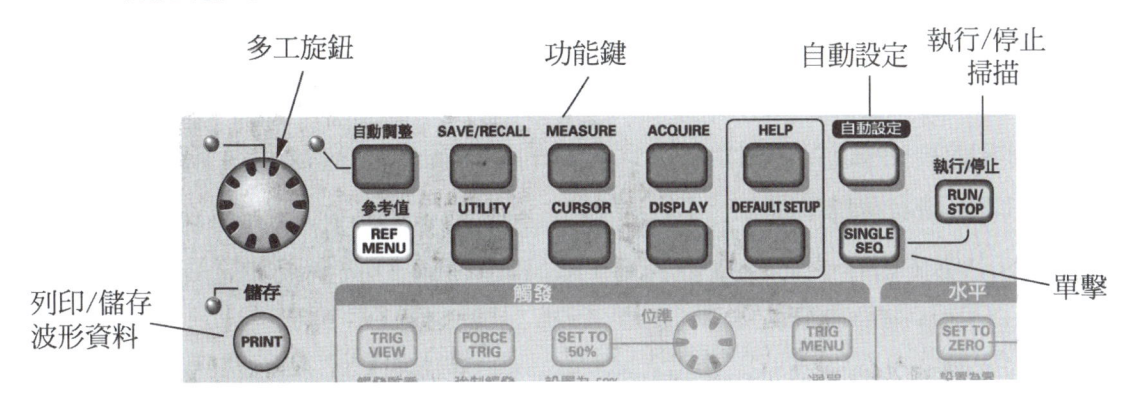

△ 圖 3-16　功能鍵區

這個部分可以說是數位式示波器與類比式示波器最大不同處，各項功能鍵的作用簡述如下：

(1) AUTO RANGE（自動調整）：顯示「自動調整」選單，並啟動或停用自動設定範圍功能。啟用時，相鄰的 LED 會亮起。

(2) SAVE/RECALL（儲存/調出）：顯示設定和波形的「儲存/調出選單」。

(3) MEASURE（測量）：顯示自動測量選單。

(4) ACQUIRE（擷取）：顯示「擷取選單」。

(5) REF MENU（參考值選單）：顯示「參考值選單」以快速顯示和隱藏儲存在示波器非揮發性記憶體中的參考波形。

(6) UTILITY（公用程式）：顯示「公用程式選單」。

(7) CURSOR（游標）：顯示「游標選單」。在結束「游標選單」後仍會顯示游標（除非將「類型」選項設定為「關閉」），但此時無法調整游標位置。

(8) DISPLAY（顯示）：顯示「顯示選單」。

(9) HELP（說明）：顯示「說明選單」。

(10) DEFAULT SETUP（預設設定）：回復原廠設定。

(11) AUTO SET（自動設定）：自動設定示波器，以自動將輸入訊號顯示在顯示螢幕上。

12. SINGLE SEQ（單擊掃描）：當觸發條件產生後，擷取一個訊號波形後停止。

13. RUN/STOP（執行 / 停止）：連續擷取波形或停止擷取。

14. PRINT（列印）：開始相容印表機的列印操作，或執行 SAVE（儲存）到 USB 隨身碟的功能。

15. SAVE（儲存）：LED 會表示 PRINT（列印） 按鈕已設定為將資料儲存到 USB 隨身碟。

多工旋鈕則依各項功能選項而有各種不同的功能，茲將其功能選項表列如下：

▼ 表 3-1　多工旋鈕各項功能說明

作用中的選單或選項	多工旋鈕功能	說　　　明
游標（CURSOR）	游標 1/ 游標 2	調整選取的游標位置
顯示（DISPLAY）	調整對比	變更顯示的對比
說明（HELP）	捲動畫面	選取索引中的項目；選取主題中的連結，顯示主題的下一頁或上一頁
水平（HORIZ MENU）	延滯	設定在後續觸發前的延遲時間
波形運算（MATH MENU）	位置	定位運算波形
	垂直刻度	變更運算波形的刻度
測量（MEASURE）	類型	選取每個信號源的自動測量類型
儲存 / 調出（SAVE/RECALL）	動作	將變異設定為設定檔案、波形檔案和螢幕影像的儲存或調出
	檔案選擇	選擇要儲存的設定、波形或影像檔案，或者選擇要調出的設定或波形檔案
觸發（TRIG MENU）	信號源	當「觸發方式」設定為「邊緣」時選擇信號源
	視頻線數	當「觸發方式」選項設定為「視頻」、而「同步」選項設定為「線數」時，將示波器設定為指定的線數
	脈波寬度	當「觸發方式」選項設定為「脈波」時，設定脈波的寬度
公用程式 ▶ 檔案程式	檔案選擇	選擇要重新命名或刪除的檔案
	名稱輸入	重新命名檔案或資料夾
公用程式 ▶ 選項 ▶ GPIB 設定 ▶ 地址	值輸入	針對公用程式（UTILITY）設定 TEK-USB-488 的 GPIB 轉接器

▼ 表 3-1 多工旋鈕各項功能說明（續）

作用中的選單或選項	多工旋鈕功能	說　　明
「公用程式」▶ 「選項」▶ 「設定日期及時間」	值輸入	設定日期和時間的值
「垂直」▶「探棒」▶ 「電壓」▶「衰減」	值輸入	針對波道選單（例如 CH1 MENU），設定示波器的衰減比例
「垂直」▶「探棒」▶ 「電流」▶「刻度」	值輸入	針對波道選單（例如 CH1 MENU），設定示波器的刻度設值

如圖 3-17 所示為多工旋鈕調整游標位置。

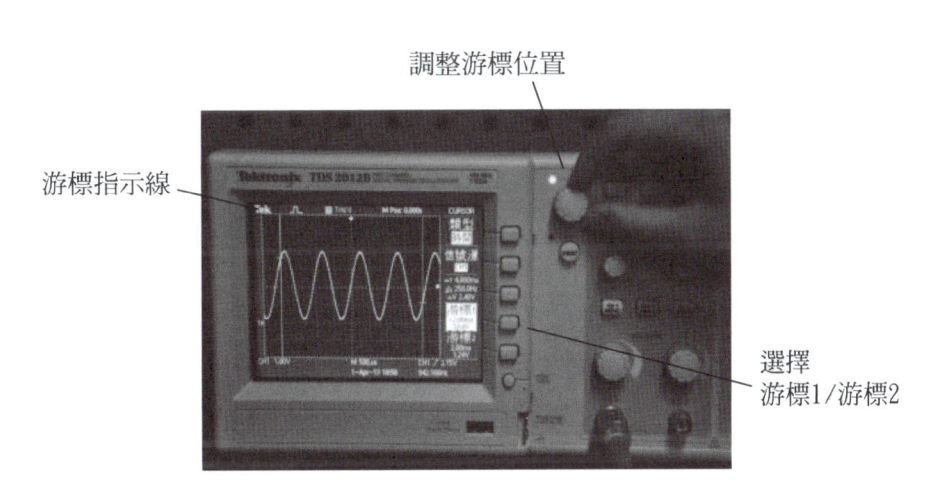

△ 圖 3-17　多工旋鈕調整游標

5. 其他按鍵及接頭：

(1) 電源及開關：電源使用標準三孔接頭電源線，開關位置如圖 3-18 所示。背面另有一安全線固定座（防止示波器掉落）以及介面接頭（USB）。

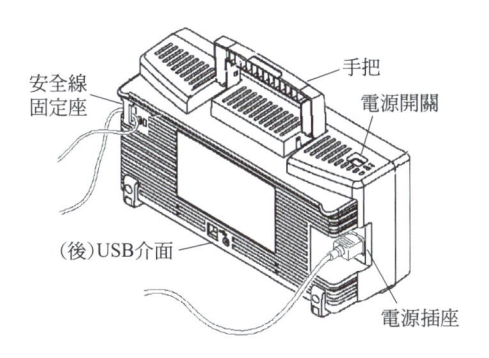

△ 圖 3-18　電源開關位置

(2) 輸入 BNC 接頭：如圖 3-19，包括 2 波道（CH1、CH2）輸入待測波形及外來觸發信號輸入端（EXT TRIG）接頭。其中外來觸發信號可使用「觸發監看」功能觀測。

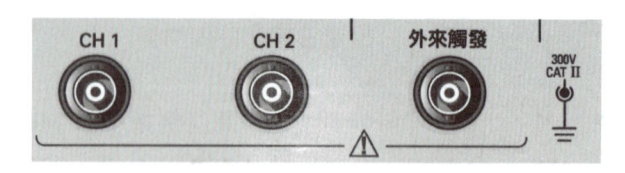

▲ 圖 3-19　輸入 BNC 接頭

(3) USB 接頭及標準測試信號接點：如圖 3-20 在正面下方可見 USB 接頭與測試信號端點。此 USB 接頭與背面不同，是提供隨身碟儲存波形資料使用，而背面的介面端則是提供與外界處理器（例如：電腦）連接使用。標準測試信號則提供 1kHZ/5V 的方波做為測試使用。另有探棒測試（PROBE CHECK）按鍵可做為探棒測試使用。

▲ 圖 3-20　USB 接頭及標準測試信號接點

數位示波器使用 LCD 螢幕做為顯示器，一般機型為單色，而高階機種已多為彩色顯示。除了指示波形，另外提供各項資訊。以 TDS-2000 為例，顯示幕部分指示如圖 3-21 所示，說明如下：

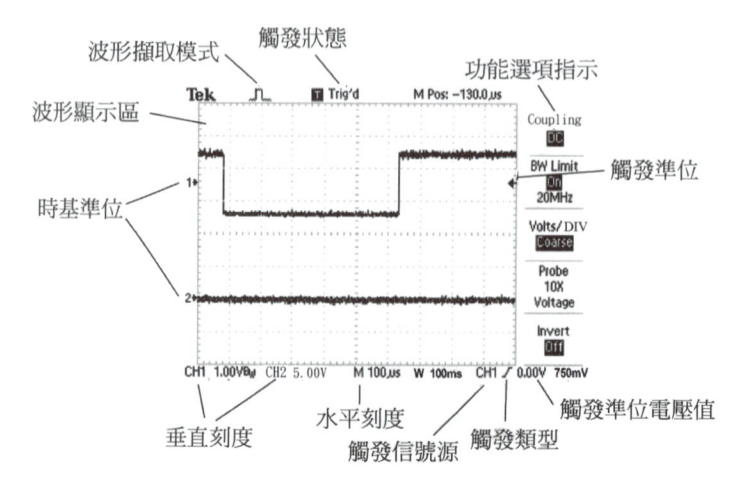

▲ 圖 3-21　數位示波器顯示幕各項資訊說明

1. 波形顯示區：與類比式示波器相同，分為垂直 8 格（DIV）；水平 10 格，每格分為 8 小格，每小格刻度代表 0.2 格
2. 時基準位顯示：分別以箭號指示 CH1、CH2 時基線位置。
3. 觸發準位指示：以箭號在觸發信號來源（圖例為 CH1）位置指示觸發電壓高度。
4. 觸發準位值指示：顯示觸發準位電壓值，圖例為 750mV。
5. 觸發信號源指示：指示目前觸發信號來源（圖例為 CH1）。
6. 觸發類型指示：指示目前選取的觸發類型，各項觸發類型如表 3-2 所示。圖例為正緣（上升）邊緣觸發。

▼ 表 3-2　觸發類型表

指示圖形	觸發類型
⌐	上升緣的邊緣觸發。
⌐	下降緣的邊緣觸發。
⌐	掃描線同步的視頻觸發。
⌐	圖場同步的視頻觸發。
⌐	脈波寬度觸發，正極。
⌐	脈波寬度觸發，負極。

7. 觸發狀態指示：指示目前觸發狀態，各項觸發狀態如表 3-3 所示。圖例表示觸發並擷取波形資料。

▼ 表 3-3　觸發狀態指示表

指示圖形	觸發狀態
▢ Armed.	示波器正在擷取前置觸發資料。在這個狀態中時將忽略所有觸發。
R Ready.	示波器已擷取到所有前置觸發資料，並且已準備好接受觸發。
T Trig'd.	示波器已看到觸發，並且正在擷取後置觸發資料。
● Stop	示波器已停止擷取波形資料。
⬢ Acq Complete	示波器已完成一個「單次程序」擷取。
R Auto.	示波器處於自動模式，並且在沒有觸發的情況下擷取波形。
▢ Scan.	示波器處於掃描模式，並且連續擷取及顯示波形資料。

8. 垂直刻度：指示垂直（電壓）刻度。圖例 CH1 為 1.00V/DIV，CH2 為 5.00V/DIV。
9. 水平刻度：指示水平（時間）刻度。圖例為 100us/DIV。

10. 波形擷取模式：分為取樣模式、峰值檢測模式、平均模式，顯示圖形如圖 3-22 所示。

11. 功能選項指示：在右方顯示各項功能選項，配合各種功能選單及顯示幕右邊功能選擇鍵使用。

▲ 圖 3-22　波形擷取模式

以上列舉的是屬於較常用的顯示項目，而完整的顯示項目說明，請參考示波器使用說明書。

了解數位式示波器的按鍵功能與配置後，接著說明觀測波形的操作方法：

1. 顯示中文：數位式示波器的面板選單大多已有中文指示。而選單及指示項目，可自由選擇顯示的語言。以太克公司生產的示波器為例，在開機自我檢測時，在功能選單上會以反白顯示目前使用的語言，按下相對應的功能選擇鍵即可循環選擇所需的語言。或者按下「公用程式」（UTILITY），再選擇「語言」即可。

2. 探棒：一般使用的探棒（衰減探棒）及其等效電路如圖 3-23 所示。

一般衰減探棒衰減比例為 $\frac{1}{10}$ 倍，示波器輸入電阻為 $1\text{M}\Omega$，衰減電阻 $R_1 = 9\text{M}\Omega$。除了具有衰減的功能外，衰減探棒同時具有頻率補償作用，可以調整補償電容（C_1），避免輸入電容的影響，改善高頻響應特性。當 $C_1 \times R_1 = R_i \times C_i$ 輸入電容效應被抵消。

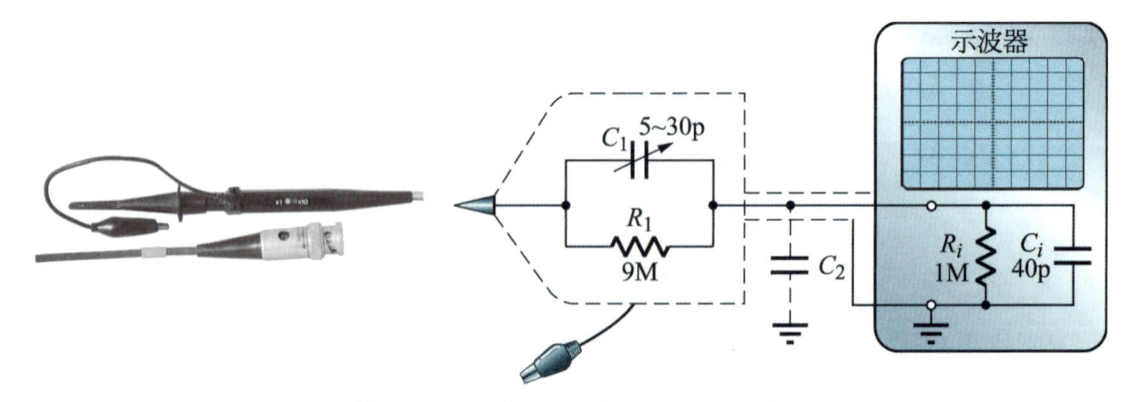

▲ 圖 3-23　衰減探棒外觀及等效電路

探棒一頭為測試端另一端以 BNC 接頭連接到示波器。圖 3-24 顯示使用測試端兩種測量型式：按壓探棒露出測試勾，可直接勾取端子（或接腳）以便測量；或者取下測試勾，利用探棒針尖用接觸的方式將探棒測試端與待測點連接。

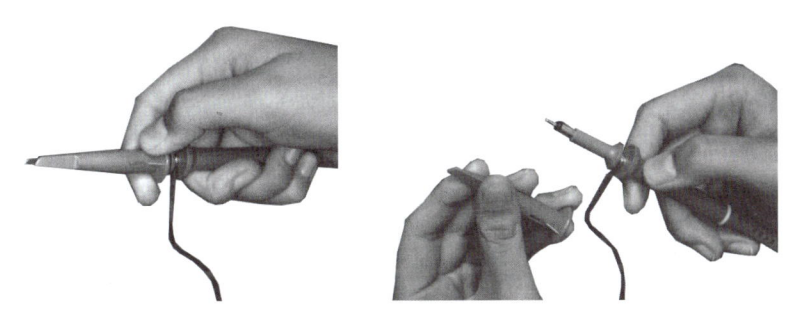

▲ 圖 3-24　探棒測試端（測試勾及測試端子）

示波器僅提供電壓波形觀測，若需觀測電流波形，則需配合電流探棒，如圖 3-25，電流探棒使用霍爾元件將待測電流量轉換為電壓，才能使用示波器觀測。

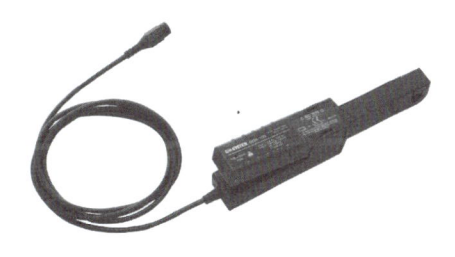

▲ 圖 3-25　電流探棒（固緯 GCP-100）

3. **衰減比例選擇**：與一般類比式示波器不同的是，數位式示波器必須設定個別輸入探棒衰減比例。例如：若 CH1 使用衰減探棒（1:10），則按下 CH1 MENU▶ 探棒 ▶ 電壓 ▶ 衰減 ▶ ×10 選項加以設定，如此才能確定顯示的是正確的電壓數值，CH2 的做法相同。

4. **探棒測試與補償**：使用探棒前需做探棒測試，方法如下：

(1) 連接探棒，並將測試端接到探棒補償端子，如圖 3-26。

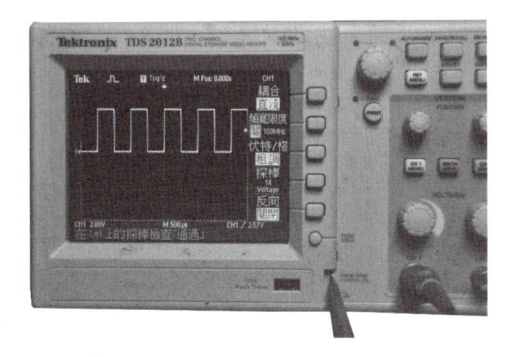

▲ 圖 3-26　輸入標準測試信號

(2) 按下自動設定（AUTO SET）按鍵，觀測波形。標準訊號為 5V/1kHz 方波。若波形非標準方波，則需使用螺絲起子調整探棒以補償頻率特性，如圖 3-27。

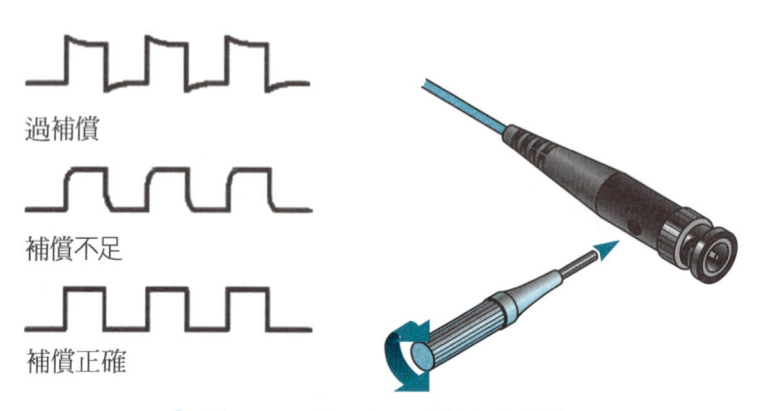

過補償

補償不足

補償正確

▲ 圖 3-27　使用起子調整探棒補償

(3) 示波器的探棒測試功能：按下 PROBE CHECK（探棒檢查）按鈕。若探棒的連接與補償適當，且示波器衰減設定與探棒符合，示波器會在螢幕下方顯示一個「PASSED」（通過）訊息。否則示波器將會顯示解決這些問題的指示，再依照指示重新調整。

5. 自動設定：自動設定是最方便的波形觀測功能，只要將探棒接到待測點後，直接按下自動設定按鍵，示波器將會在分析波形後，自動調整最佳顯示模式，將波形顯示出來。雖然這樣的方法十分簡便，但大多數的波形觀測還是需要自行調整才能得到最佳觀測結果。

6. 垂直控制：

(1) 垂直輸入耦合選擇：依輸入（CH1 或 CH2）按下對應功能選單「MENU」按鍵，對照螢幕右側功能選項，調整輸入耦合選項（DC、AC 或 GND）。

(2) 垂直靈敏度調整：旋轉旋鈕，讓波形能夠儘量放大，但同時能完整顯示在螢幕上。目前設定的垂直刻度數值能夠在顯示幕下方看到。

(3) 垂直位置調整：視需要調整旋鈕，調整波形上下位置，使波形置於易觀測位置。

7. 水平控制：

    (1)時間軸刻度調整：旋轉旋鈕，讓螢幕上至少能顯示 1 個完整週期的波形，但最好能顯示 3 ～ 5 個完整週期才更方便波形觀測。目前設定的垂直刻度數值能夠在顯示幕下方看到。

    (2)水平位置調整：若波形無法完整觀測，嘗試調整波形左右位置。

8. 觸發控制：

    (1)觸發類型：選擇「邊緣」（▶上升▶視頻▶脈波）。

    (2)觸發信號源：選擇「CH1」（▶CH2▶EXT▶EXT/5▶AC Line）。

    (3)觸發斜率：選擇「上升」（▶下降）。

    (4)觸發耦合模式：選擇「自動」（▶一般）。

    (5)觸發耦合：選擇「直流」（▶雜訊排斥▶高頻排斥▶低頻排斥▶交流）。

    (6)觸發準位調整：調整旋鈕使觸發準位落在適當位置，以便觀測到穩定波形。觸發準位指示於顯示幕左邊箭號。

    可以觀測波形如圖 3-28。

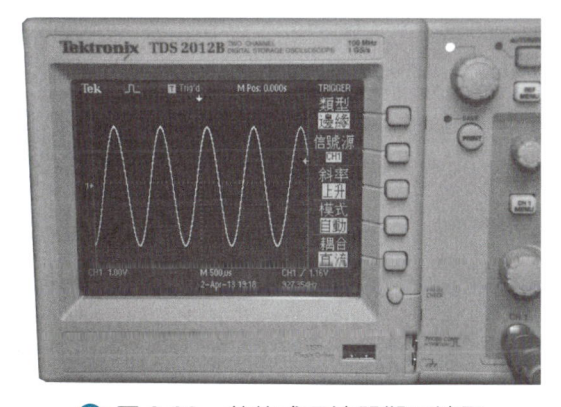

▲ 圖 3-28　數位式示波器觀測波形

例題 1

示波器使用 10：1 衰減探棒觀測交流 110V 電源波形，應選擇哪一個刻度才適合？

解 示波器觀測波形峰對峰值　$V_{P-P} = 2 \times \sqrt{2} \times 110 ≒ 312$ V

衰減 10 倍　$V_{P-P} = \dfrac{312}{10} = 31.2$ V　　垂直 8 格　$\dfrac{31.2\text{V}}{8\text{DIV}} = 3.9$ V/DIV

垂直刻度必須大於 3.9 V/DIV，所以選用 5 V/DIV。

例題 2

示波器觀測某波形結果如圖所示，試求其電壓峰值？

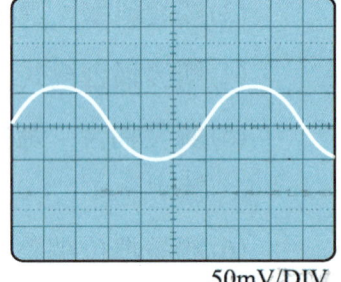

解　電壓峰點到谷點正好 2.4 格 (DIV)

$V_{P-P} = 2.4\text{DIV} \times 50\text{mV/DIV} = 120\text{mV}$

$V_p = \dfrac{V_{P-P}}{2} = 60\text{mV}$

50mV/DIV

例題 3

如圖示波器顯示三角波觀測結果，試求上昇及下降斜率？若此波形為示波器掃描信號，三角波由低到高正好使電子束掃描由螢幕刻度最左到最右邊，試求電子束掃描返馳的速度（cm/sec）？

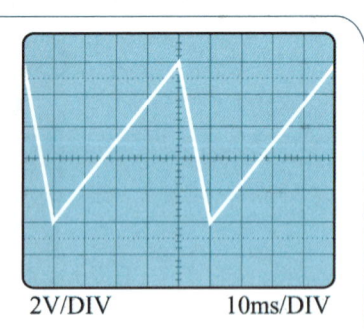

2V/DIV　　10ms/DIV

解　(1)　上昇斜率

$m = \dfrac{\Delta V}{\Delta T} = \dfrac{5\text{DIV} \times 2\text{V/DIV}}{4\text{DIV} \times 10\text{ms/DIV}} = 0.25$V/ms　　下降斜率 $m = \dfrac{5\text{DIV} \times 2\text{V/DIV}}{1\text{DIV} \times 10\text{ms/DIV}} = 1$V/ms

(2)　返馳時間 = 下降時間

返馳距離 = 10 DIV = 10cm　　返馳速度 = $\dfrac{10\text{cm}}{1\text{DIV} \times 10\text{ms/DIV}} = 1000$ cm/sec。

9. 測量功能：按下「自動測量」（MEASRUE），在顯示幕右邊的功能選單會轉成顯示各種測量結果，如圖 3-29。再按下相對應位置的功能選擇鍵，就可以循環選擇如表 3-4 所示之各項自動測量功能。

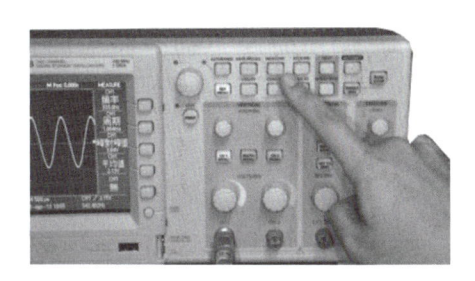

△ 圖 3-29　自動測量

▼ 表 3-4　自動測量功能

量測功能	定　　　義
頻率	利用測量第一個週期來計算波形的頻率
週期	計算第一個週期的時間
平均	計算整個記錄的算術平均振幅
峰對峰	計算整個波形中最大和最小峰值之間的絕對差值
週均方根	計算波形第一個完整週期的真均方根量測
最小值	檢查整個 2,500 點的波形記錄，並顯示最小值
最大值	檢查整個 2,500 點的波形記錄，並顯示最大值
上升時間	測量波形第一個上升緣 10% 和 90% 間的時間
下降時間	測量波形第一個下降緣 90% 和 10% 間的時間
正脈波寬度	測量波形在 50% 位準時，第一個上升緣和下一個下降緣之間的時間
負脈波寬度	測量波形在 50% 位準時，第一個下降緣和下一個上升緣之間的時間
無	不進行任何測量

10. **游標使用**：觀測波形時使用游標可以避免視覺上的誤差，也能較精確的測量到所需的數值。按下「游標」（CURSOR）功能鍵，配合功能選單選擇「自動量測」的「類型」，以及需要測量的「信號源」（CH1、CH2），即可在顯示幕上直接讀取游標間（CURSOR1、CURSOR2）的差值。在功能選單中選擇「游標1」/「游標2」，轉動多工旋鈕即可分別調整游標位置，選擇關閉則可關閉游標顯示。若游標類型為時間，則游標位置可水平調整，顯示為游標間的時間差，如圖 3-30；若為振幅類型，則游標位置可垂直調整，顯示為游標間的電壓差值，如圖 3-31。

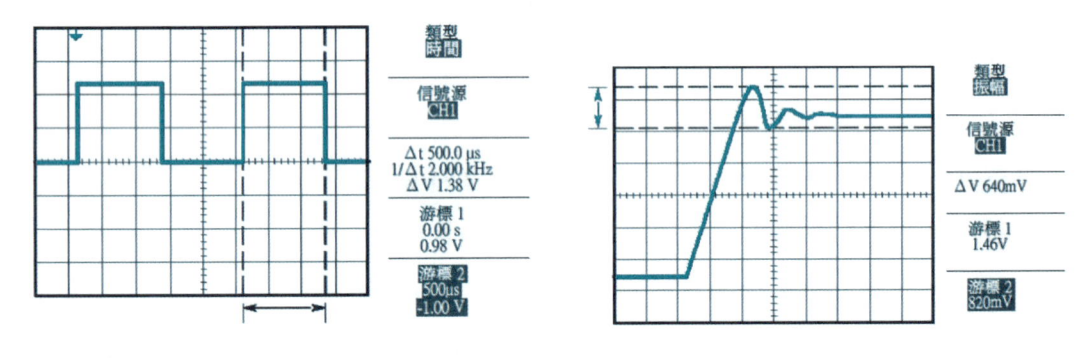

▲ 圖 3-30　使用游標測量時間差　　　　▲ 圖 3-31　使用游標測量電壓差

11. **波形運算**：按下在垂直控制區中「MATH MENU」按鍵，可以看到功能選單顯示各項波形運算選項：

    (1) 波形計算：可選波形相加（CH1+CH2）、波形相減（CH1−CH2）以及波形相乘（CH1×CH2）。

    (2) 快速傅立葉轉換（FFT）：將波形分析結果以頻譜方式顯示，如圖 3-32 為方波之 FFT 顯示結果。

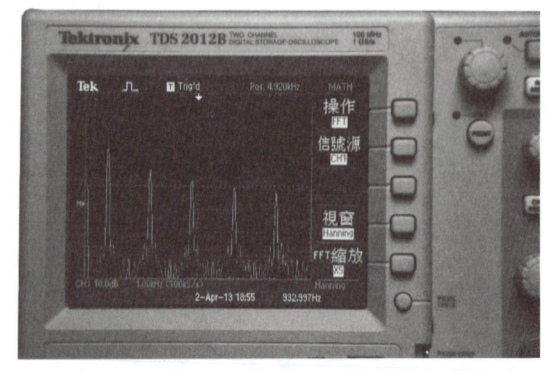

▲ 圖 3-32　FFT 顯示模式

12. 波形展延：波形展延方便於觀測波形的某一特定區段。按下水平功能選單（HORIZ MENU），在功能選單按下「主時基」，在螢幕上即出現兩條虛線，此虛線之間的區域，即是要觀測展延的波形區段。調整水平刻度可以調整展延的寬度；調整水平位置可以調整展延的位置。再按下「視窗顯示」即可將指定區段的波形放大觀測，如圖 3-33。

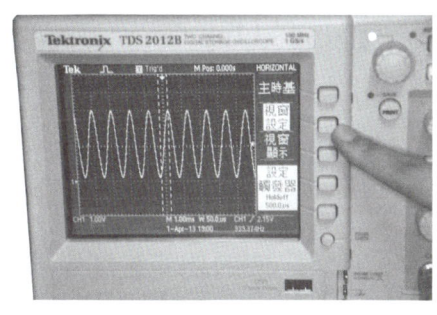

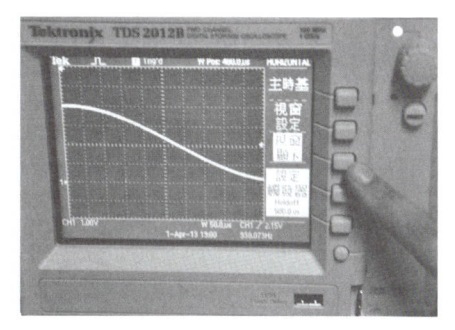

▲ 圖 3-33　波形展延功能

13. 儲存 / 調出（SAVE/RECALL）：將隨身碟插入面板下方 USB 插孔，按下「SAVE/RECALL」按鍵，再配合功能選單，如表 3-5，執行指定動作。

▼ 表 3-5　儲存 / 調出功能

功能選單	指定動作
儲存全部	包含可設定 PRINT 按鈕的選項將資料傳送到印表機，或將資料儲存到 USB 隨身碟
儲存影像	將螢幕影像儲存為指定的檔案格式
儲存設定	目前的示波器設定儲存到指定資料夾中的檔案或非揮發性設定記憶體中
儲存波形	將波形儲存到指定的參考記憶體
調出設定	從 USB 隨身碟或非揮發性設定記憶體中調出示波器設定檔案。
調出波形	將波形檔案從 USB 隨身碟調至參考記憶體

3-2-3 非週期性波形觀測

　　非週期波形使用一般示波器無法觀測，必須使用儲存式示波器。傳統式儲存式示波器利用電荷儲存的原理，使泛射電子束持續打螢光幕，保留波形掃描軌跡。由於體積重量十分可觀，並且功能少操作繁雜，早已淘汰不用。而數位式示波器原理是將波形資料分析後儲存保留，原本就具有觀測非週期波形的功能，因此也被稱為數位式儲存示波器。

　　使用數位式示波器觀測非週期波形，如圖 3-34 為觀測 RC 暫態的電路，只要使用單掃描功能（Single sweep），當觸發條件產生時螢幕上就會出現單次的波形。**單擊掃描操作方式如下：**

1. **設定觸發條件**：按下觸發（TRIGGER）選單，使用功能鍵選定邊緣觸發、上昇斜率、單擊模式、觸發信號直流耦合，及調整適當的觸發準位（略高於 0V 即可）。

2. **設定顯示條件**：調整垂直及水平刻度以適合波形顯示。

3. 按下「單擊」（SINGLE SEQ）功能鍵，顯示幕上方擷取狀態顯示•STOP 表示進入等待狀態。

4. 當按下開關，電容電壓上升高於觸發準位時，示波器擷取信號並顯示在螢幕上。

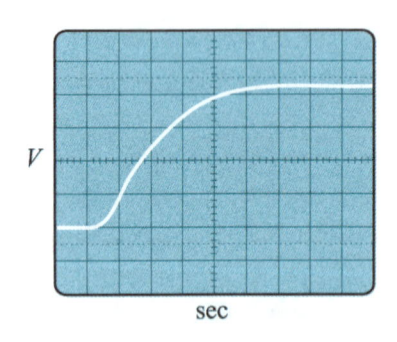

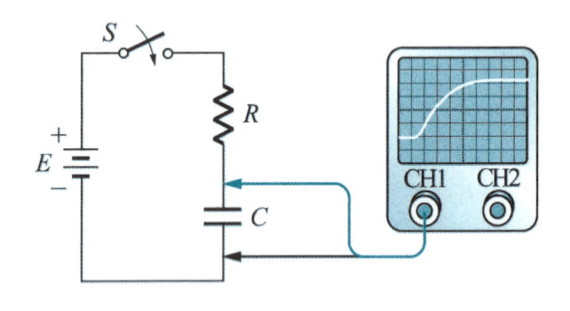

▲ 圖 3-34　觀測非週期波形（RC 暫態）

另一種常用到的是如圖 3-35 之開關彈跳的狀態,也是用同樣的方式觀測。

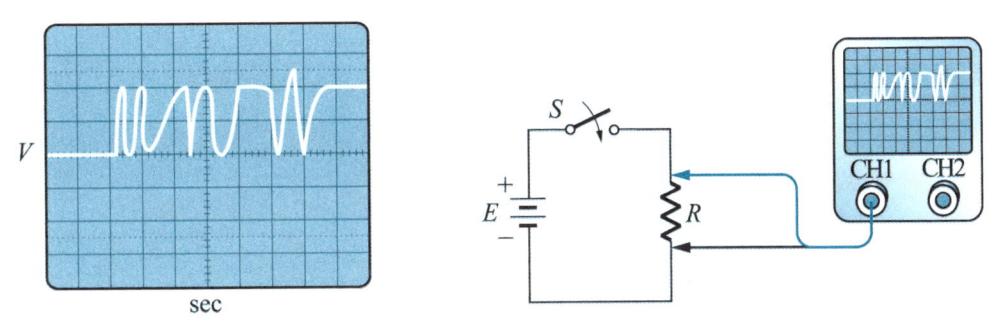

△ 圖 3-35　開關彈跳波形觀測

除此之外,在正常觀察波形的情況下,用手動的方式按下停止掃描按鍵(「執行/停止」功能鍵),波形就會被保留下來,只要轉動水平位置旋鈕即可觀測到被擷取波形的任一部分,這樣的方式同樣可以觀測到突發式的非週期性波形變化。

3-3 波形值計算

雖然數位式示波器能使用自動量測功能直接測量各種波形值。但是使用示波器觀測波形時，仍然需要了解各種間接測量的計算方式。以下以例題方式說明幾種常用的計算做為參考。

3-3-1 平均值與有效值

波形平均值的計算：$V_{DC} = \dfrac{\text{波形總面積}}{\text{總週期}}$

波形有效值的計算：$V_{rms} = \sqrt{\dfrac{\Sigma[(\text{波形有效值})^2 \times \text{波形週期}]}{\text{總週期}}}$

一般電子電路常用的波形為正弦波、方波以及三角波，其波形峰值與平均值及有效值的比例關係如表 3-6。

▼ 表 3-6 常用波形值對照表

	平均值	有效值
正弦波	$\dfrac{2}{\pi}V_m$	$\dfrac{1}{\sqrt{2}}V_m$
方波	V_m	V_m
三角波	$\dfrac{1}{2}V_m$	$\dfrac{1}{\sqrt{3}}V_m$

例題 4

如圖示波器 DC 耦合觀測之波形,若時基線調整於中線,試求其最大值(V_{max})及平均值(V_{DC})?

解 $V_{max} = 3\text{DIV} \times 0.2\text{V/DIV} = 0.6\text{V}$

$V_{min} = 0.2\text{DIV} \times 0.2\text{V/DIV} = 0.04\text{V}$

平均值 $V_{DC} = \dfrac{V_{max} + V_{min}}{2}$

$V_{max} = 0.6\text{V}$ ∴ $V_{DC} = \dfrac{0.6 + 0.04}{2} = 0.32\text{V}$

0.2V/DIV

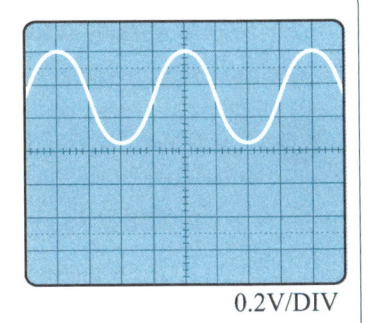

例題 5

如圖之方波觀測結果,若時基線調整於中線,求其平均值(V_{DC})與有效值(V_{rms})?

解 (1) 觀測得正電壓 $1.4 \times 2 = 2.8\text{V}$

負電壓 $2 \times (-2) = -4\text{V}$

$V_{DC} = \dfrac{2.8 \times 3 + (-4) \times 2}{5} = 0.08\text{V}$

(2) $V_{rms} = \sqrt{\dfrac{(2.8)^2 \times 3 + (-4)^2 \times 2}{5}} = \sqrt{\dfrac{23.52 + 32}{5}} = 3.33\text{V}$

2V/DIV

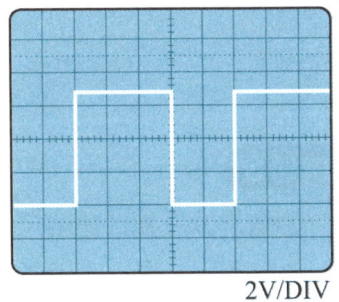

例題 6

如圖之三角波,若時基線調整於中線,求其平均值(V_{DC})及有效值(V_{rms})?

解 $V_m = 2.6\text{ DIV} \times 2\text{V/DIV} = 5.2\text{V}$

$V_{DC} = \dfrac{1}{2} \times 5.2 = 2.6\text{V}$

$V_{rms} = \dfrac{5.2\text{V}}{\sqrt{3}} = 3\text{V}$

2V/DIV

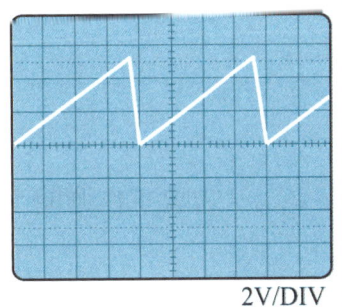

例題 7

以示波器測量電路中 5kΩ 電阻兩端波形如圖所示，若時基線調整於中線，試求流經此電阻之平均電流值？

解 $V_m = 2.5\text{DIV} \times 5\text{V/DIV} = 12.5\text{V}$

全波整流 $V_{DC} = \dfrac{2}{\pi}V_m = 0.636\,V_m$

$\therefore V_{DC} = 0.636 \times 12.5 \doteqdot 7.95\text{V}$

$I_{DC} = \dfrac{V_{DC}}{R} = \dfrac{7.95\text{V}}{5\text{k}\Omega} = 1.59\text{mA}$

5V/DIV

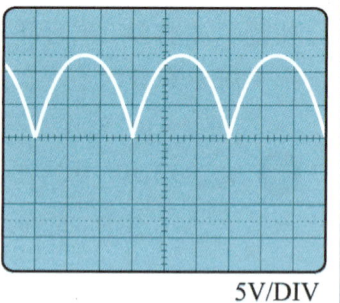

3-3-2 相位角與工作週期計算

對於相同頻率（週期）的波形而言，相位差與時間差成等比關係：

$$\dfrac{\text{相位角}（\theta）}{\text{時間差}（\Delta t）} = \dfrac{360°}{\text{週期}（T）}$$

例題 8

如圖之波形是以雙跡示波器同時觀測兩個相同頻率波形的顯示結果，若時基線調整於中線，試求波形之週期、頻率及相位角差？

解 (1) $T = 6\,\text{DIV} \times 50\mu\text{s/DIV} = 300\mu\text{s}$

(2) $f = \dfrac{1}{T} = 3.33\text{kHz}$

(3) $\dfrac{\theta}{360°} = \dfrac{1\,\text{DIV}}{6\,\text{DIV}}$ $\quad \theta = 60°$

50μs/DIV

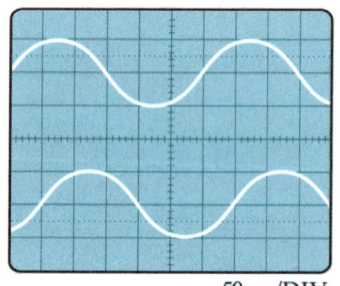

方波工作週期（duty cycle%，又稱佔空比）$= \dfrac{t_H}{T} \times 100\%$

例題 9

如圖示波器觀測之方波，若時基線調整於中線，試求其電壓準位、頻率及工作週期？

解

(1) $V = 2\text{ DIV} \times 50\text{mV/DIV} = 0.1\text{V}$

(2) $T = 4\text{ DIV} \times 10\mu\text{s/DIV} = 40\mu\text{s}$，$f = \dfrac{1}{T} = 25\text{kHz}$

(3) duty cycle $= \dfrac{1\text{ DIV} \times 10\mu\text{s/DIV}}{4\text{ DIV} \times 10\mu\text{s/DIV}} = \dfrac{1}{4} = 25\%$

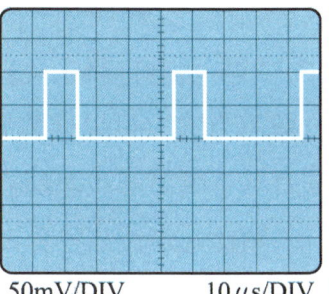

50mV/DIV　　10μs/DIV

3-4　X-Y（李賽氏 Lissajous 圖形）觀測

X-Y 觀測是將示波器的的兩個輸入端 (CH1、CH2) 分別做為垂直與水平信號的顯示方式，可以推算頻率或是相位角。圖 3-36 為使用 X-Y 推算頻率的信號連接方式。調整適當波幅大小即可在螢幕上觀測到如圖 3-37 的圖形。

類比式示波器操作時將掃描模式開關切到 X-Y 掃描；數位式示波器則是按下「顯示」（DISPLAY）選單，按下功能選單中「格式」選擇「XY」模式即可。分別調整 CH1（X）及 CH2（Y）的垂直刻度，可以調整波形大小；將輸入耦合「接地」後則螢幕上僅顯示一個原點，分別調整 CH1 及 CH2 的垂直位置調整鈕，可以調整原點（圖形）的位置。

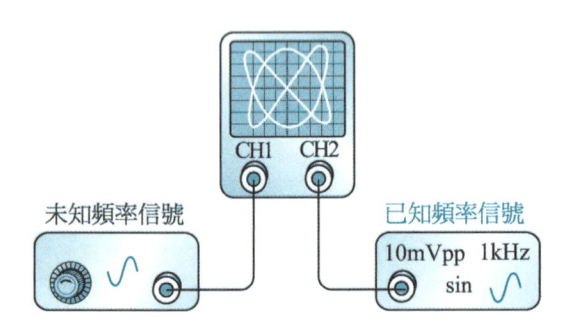

▲ 圖 3-36　示波器 XY 觀測頻率 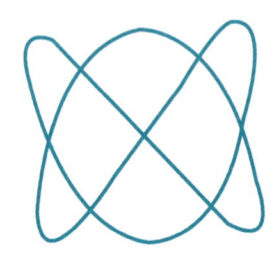　　▲ 圖 3-37　示波器 XY 觀測頻率圖形

實際觀測時由於很難同步使觀測圖形靜止，且已知頻率和未知頻率若相差過大圖形切點數太密集，使得頻率不易測量。另外，這種方法只適合正弦波頻率量測，其他波形無法適用。

X-Y 輸入波形的頻率比值與圖形的 X-Y 切點數比值相關：

$$f_X : f_Y = N_Y : N_X$$

> **例題 10**
>
> 如圖 3-37 之觀測結果,若垂直軸(Y)信號已知頻率為 2kHz,試求 X 輸入端信號頻率?
>
> **解** ∵ $f_X \cdot N_X = f_Y \cdot N_Y$ ∴ $N_X = 3$ $N_Y = 2$
>
> $f_X \times 3 = 2k \times 2$ $f_X = \dfrac{4k}{3} = 1.33\text{kHz}$

使用 X-Y 圖形也可以推算相同頻率波形的相位角,若 X、Y 信號頻率相同,形成的圖形與相位的關係如圖 3-38 所示。

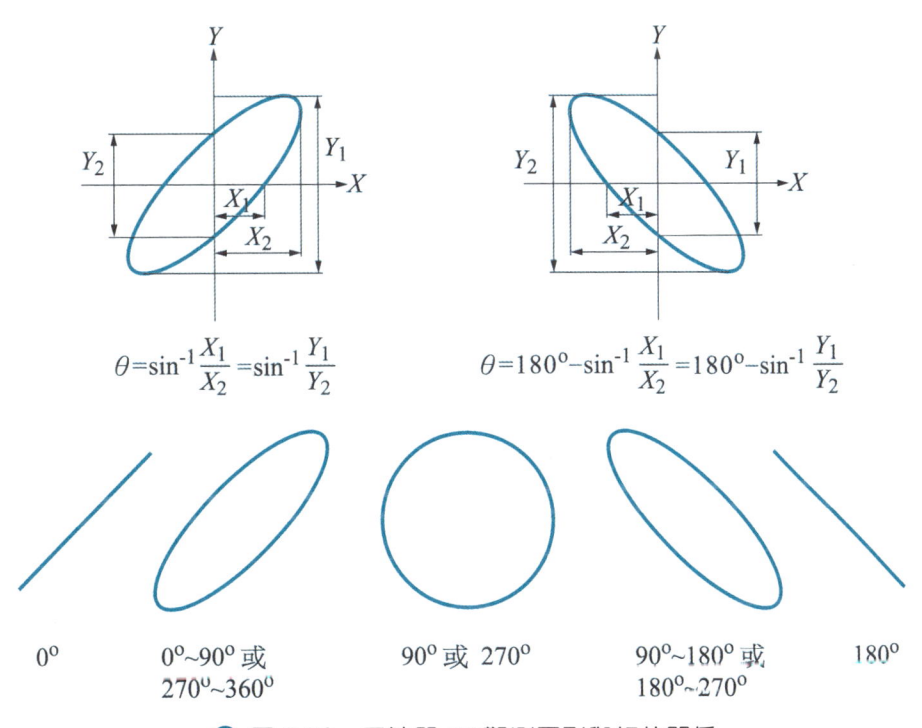

$\theta = \sin^{-1}\dfrac{X_1}{X_2} = \sin^{-1}\dfrac{Y_1}{Y_2}$ $\theta = 180° - \sin^{-1}\dfrac{X_1}{X_2} = 180° - \sin^{-1}\dfrac{Y_1}{Y_2}$

0°　　0°~90° 或 270°~360°　　90° 或 270°　　90°~180° 或 180°~270°　　180°

▲ 圖 3-38　示波器 XY 觀測圖形與相位關係

3-5 頻域測量（頻譜分析）

以示波器觀測波形是以時間為參考變量（時域，time domain），所得為電壓（流）隨時間變化的圖形。另一種波形觀測是以頻率為參考變量（頻域，frequency domain），所得為信號的基本波（正弦波）頻率組成，稱為頻譜。觀測信號頻譜的儀器，稱為頻譜分析儀。

頻譜分析儀基本結構如圖 3-39 所示。使用超外差電路擷取某特定頻率的諧波成份，再依其波幅大小顯示在螢幕上。鋸齒波產生器的信號除了做為示波器水平掃描之用，另外控制電壓控制振盪器輸出一頻率掃描正弦波做為超外差之本地振盪信號。本地振盪信號與輸入信號之特定頻率諧波混波後取出中頻信號，即得到此諧波信號成分，再經檢波與放大，成為垂直掃描信號。如此一來，水平信號大小與掃描頻率成比例；垂直信號與特定頻率之波形成分成比例，就能得到波形頻譜。

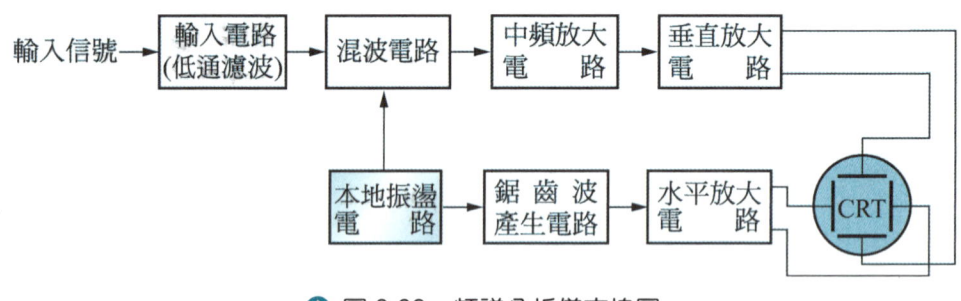

▲ 圖 3-39　頻譜分析儀方塊圖

如圖 3-40 為 Anritsu MS2651B 頻譜分析儀，具有 9kHz～3GHz 掃描能力，中央展頻模式及開始～結束模式顯示頻譜。

基本的操作方式如下：

1. **中央展頻模式**（Center-Span mode）：待測信號輸入頻譜分析儀之後，按下 Frequency 按鍵可以在螢幕右邊功能鍵 F1（center Freq）選擇中央頻率，由數字鍵盤輸入中央頻率值；接著按下 Span 按鍵，輸入展頻範圍，螢光幕上就會以中央頻率為中心顯示整個展頻範圍內的波形成份，圖 3-41(a) 為中央展頻模式顯示。

▲ 圖 3-40　頻譜分析儀

2. **頻率區段模式**（Start-Stop mode）：按下 Frequency 按鍵，按下 F2（start Freq.）後，在數字鍵盤上輸入掃描起始頻率；按下 F3（stop Freq.），輸入掃描終止頻率，則螢光幕上就會顯示由起始頻率到終止頻率範圍內的波形成分，圖 3-41(b) 為頻率區段模式顯示。

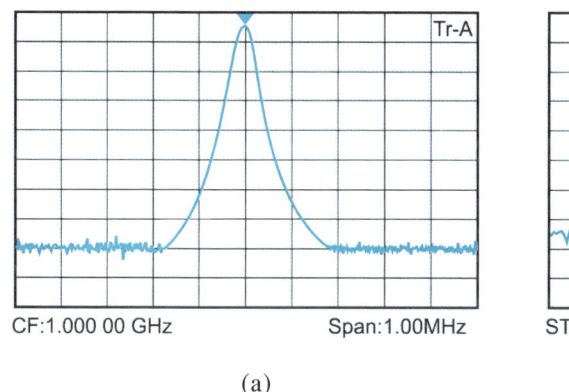

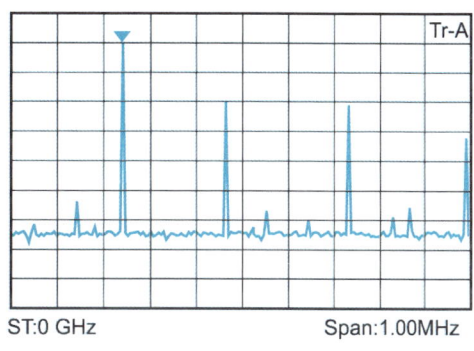

▲ 圖 3-41　中央展頻模式與頻率區段模式比較
（摘自 Anritsu MS2651B 頻譜分析儀使用說明）

3. **零展頻**（Zero Span）：按下 Span 按鍵，由數字鍵盤輸入 0 Hz，或者按下 Span 按鍵後選擇 F3（Zero Span）即可進入時域分析模式。作用有如數位式儲存示波器，成為持續接收特定頻率（中心頻率）的選擇性位準儀，可做為分析脈衝波之用。

4. **波幅調整** (Amplitude)：

   (1) 按下 Amplitude 按鍵，選擇刻度模式 F5（Log Scale，dB 刻度，分為 10dB/DIV～1dB/DIV）或是 F6（Linear Scale，% 刻度，分為 10% / DIV～1% / DIV），就可以調整波幅顯示刻度比例。

   (2) 水平軸刻度大小可經由參考準位（Reference Level）設定。若刻度選擇 Log Scale，則按下 Amplitude 按鍵，選擇 F4（Unit），可選擇 dBm、dBµV、dBmV、dBµV（emf）等參考準位的單位，但若是使用 Linear Scale 是以 V 為單位。

   (3) 準位大小可由數字鍵盤直接輸入，或是轉動微調旋鈕來調整。實際上的波幅刻度是由參考準位乘以顯示刻度比例而得，例如：選擇 10% / DIV 參考準位為 1V，則垂直刻度等於 10% / DIV × 1V = 0.1V / DIV。

5. **峰點搜尋**（Peak Search）：按下 Peak Search 峰點搜尋按鍵，即能以 F1（Peak Search）、F2（Next Peak）、F3（Next Right Peak）、F4（Next Left Peak）四種形式搜尋螢幕上光跡的峰點資料，用以確定峰點的實際頻率值，圖 3-42 即為峰點搜尋的範例。

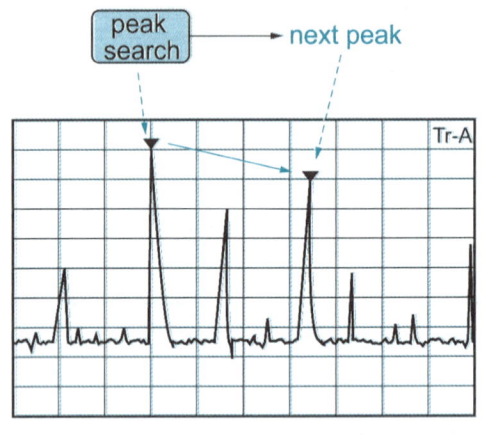

▲ 圖 3-42　峰點搜尋
（摘自 Anritsu MS2651B 頻譜分析儀使用說明）

例題 11

電路輸出以頻譜分析儀觀測結果如右圖所示，輸出是何種波形？試求其頻率？

解　方波由正弦波基本波與奇次諧波組成，應為頻率 100kHz 方波。

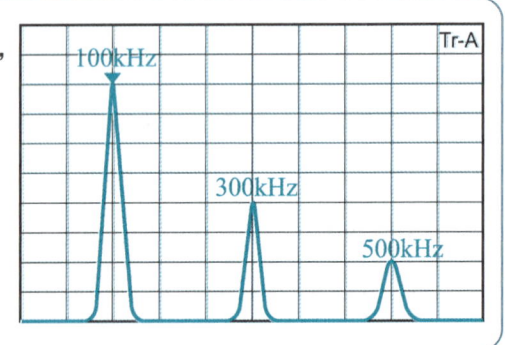

3-6 頻率測量

週期波形的頻率測量，除了可以使用示波器觀測，也可以使用頻率計數器來測量。

頻率計數器基本結構如圖 3-43 所示，主要包含輸入波形整形（施密特電路）、電閘（及閘）、時基產生器以及計數電路。

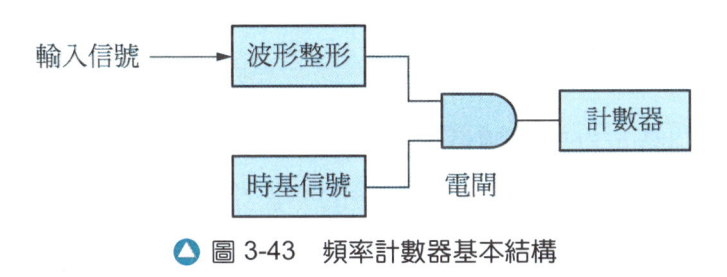

▲ 圖 3-43　頻率計數器基本結構

電路基本原理如圖 3-44 所示，輸入信號被施密特電路整形成為方波，與時基產生器所產生的高頻時基同時加到電閘中，當輸入信號為高態時（時間 T），電閘（及閘）被打開，時基信號進入計數電路做十進位計數，則顯示的計數結果與電閘開啟時間 T 成正比。

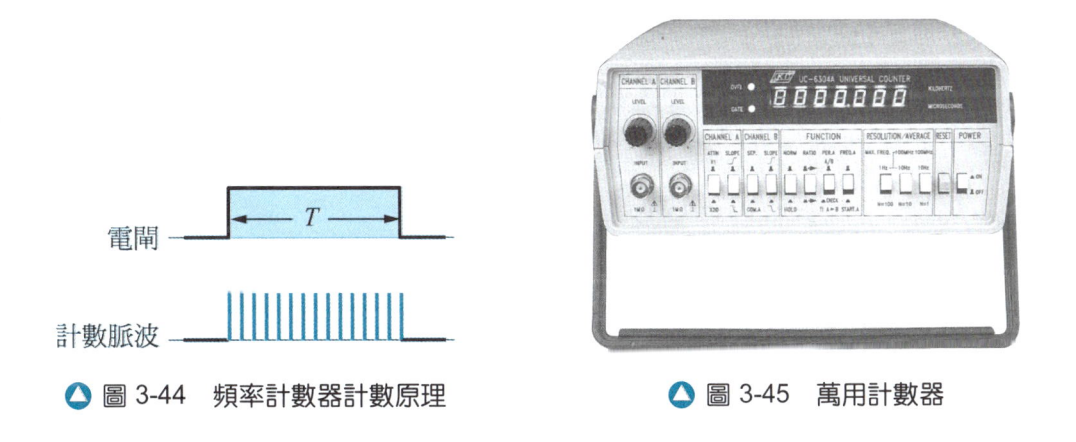

▲ 圖 3-44　頻率計數器計數原理　　　▲ 圖 3-45　萬用計數器

圖 3-45 為 UC-6304A 萬用計數器（universal counter），具有 7 位數顯示，測量範圍 10Hz～10MHz，靈敏度 $75mV_{P-P}$。可做頻率（計頻器）及週期（計數器）量測。

例題 12

一計頻器時基為 0.01sec，若輸入信號為 120kHz，試求顯示位數？並求其解析度？

解 計數值 $N = \dfrac{T}{t} = T \times f = 0.01 \times 120k = 1200$

顯示頻率 120.0kHz

解析度 = 0.1kHz。

頻率計數器同時可以用來測量信號週期。其電路原理與頻率測量大致相同，不同的是測量週期由輸入信號經過整形後的方波來控制電閘的開啟時間 T，而時基信號則是輸入計數器做為計數脈波。

例題 13

週期計數器之時基信號頻率 1MHz，若輸入信號為 250kHz，試求計數電路顯示值？此計數器解析度若干？

解 計數值 $N = \dfrac{T}{t} = \dfrac{f_{CLK}}{f_2} = \dfrac{1MHz}{250kHz} = 4$

顯示週期 4μs

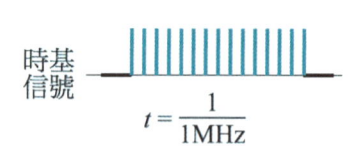

解析度 1μsec。

計頻器與週期計數器只能用來測量週期信號，對於非週期信號測量的結果不穩定而且沒有意義。一般來說，計頻器適合高頻信號量測；週期計數器則是適合測量低頻信號。

重點掃描

1. 觀測波形使用示波器。
2. 示波器主要功能在於顯示待測電壓波形,藉由調整垂直控制、水平控制、觸發控制等電路參數,在螢幕上顯示出待測波形。
3. 頻譜分析儀可以觀測波形組成及信號頻譜。
4. 測量頻率或週期可以使用萬用計數器(計頻器),或使用示波器間接測量。
5. 數位式示波器基本上為波形分析儀,將波形資料解析後顯示。
6. 數位式示波器操作與類比式示波器大同小異,但操作的設定值大多採多工設計,按鍵與旋鈕必須配合螢幕的顯示選擇。
7. 數位式示波器使用取樣記錄的方式記錄波形,具有自動量測、計算波形參數等強大功能。
8. 數位式示波器按下自動設定(AUTO)功能,即可根據波形資料,計算最佳的設定值,得到最佳波形觀測。
9. 數位式示波器具有量測(MEASURE)功能,可自動計算波形頻率、週期、波幅、平均值等參數。
10. 數位式示波器可儲存波形資料可使用單擊(SINGLE SHOT)功能觀測單一波形。
11. 數位式示波器觀測波形時使用游標可以避免視覺上的誤差,也能較精確的測量到所需的數值。
12. 頻譜分析儀具有中央展頻及頻率區段掃描(開始~結束模式)兩種顯示模式。
13. 頻譜分析儀為頻域指示儀表,指示圖形表示特定頻率信號波幅大小。
14. 示波器為時域指示儀表,指示波形表示信號波幅隨時間變化函數。
15. 示波器無法直接指示頻率,需由週期計算($T = \frac{1}{f}$)。
16. 計頻器顯示主電閘與輸入信號的頻率(週期)比值。

重點掃描

17. 觀測週期波形主要是觀測其波形形態、波幅大小及其時間（頻率）特性。

18. 正弦波電壓變化為時間的正弦函數；方波為兩個準位變化的波形；而三角波電壓變化與時間成比例。

19. 示波器僅能觀測週期性波形。非週期性波形最好使用數位式示波器，採用單擊觸發模式觀測。

20. 計頻器適合高頻信號測量；週期計數器較適合低頻信號測量。

21. 李賽氏圖形測量頻率僅適用於正弦波測量。

課後習題 3

選擇題

( ) 1. 下列何者非數位式示波器的特點？
     (A) 能自動調整最佳波形顯示 (B) 能計算各項波形參數
     (C) 體積小 (D) 價格便宜。

( ) 2. 示波器為時域觀測儀表，表示其觀測之電壓波形為下列何者之函數 (A) 時間 (B) 日期 (C) 頻率 (D) 數列。

( ) 3. 下列何者不適用於觀測信號頻率？
     (A) 示波器 (B) 週期計數器 (C) 計頻器 (D) 數位電壓表。

( ) 4. 下列何者示波器無法直接觀測？
     (A) 波形 (B) 電壓有效值 (C) 週期 (D) 電壓峰值。

( ) 5. 示波器顯示波形太大，已經超出螢幕，則應調整
     (A) 觸發準位 (LEVEL) (B) 垂直衰減倍率 (V/DIV)
     (C) 水平時基信號 (s/DIV) (D) 垂直準位 (V-POS)。

( ) 6. 示波器使用時選擇 (A)EXT (B)INT (C)LINE (D)TV-H 以便使用內部信號做為觸發訊號。

( ) 7. 示波器調整時基線位置時，輸入耦合開關最好選擇
     (A)AC (B)DC (C)GND (D) 都可以。

( ) 8. 頻率計數器的時基信號週期為 1ms，測量一 4.32MHz 信號，試求顯示讀數應為 (A)432000 (B)43200 (C)4320 (D)432。

( ) 9. 同上題，其解析度應為
     (A)100k (B)10k (C)1k (D)100 Hz。

( ) 10. 下列何者非影響正弦波波形之要素？
     (A) 波形因數 (B) 頻率 (C) 峰值 (D) 相位。

(　　) 11. 示波器選擇 1μs/DIV 刻度觀測正弦波時，出現 5 個週期波形，試求正弦波的頻率為
(A)1M　(B)500k　(C)250k　(D)50k　Hz。

(　　) 12. 使用示波器 0.1mS/DIV 刻度同時觀測兩個 2kHz 波形，發現其波形相差正好 1DIV，試求其相位角應為
(A)45°　(B)52°　(C)64°　(D)72°。

(　　) 13. 三種基本波形中，何者電壓與時間變量成一定比例
(A) 正弦波　(B) 三角波　(C) 方波　(D) 以上皆是。

(　　) 14. 觀測開關暫態，最好使用
(A) 示波器　(B) 數位式示波器　(C) 頻譜分析儀　(D) 失真儀。

(　　) 15. 示波器 X-Y 模式不可觀測
(A) 相位差　(B) 頻率比　(C) 電壓峰值　(D) 波形。

(　　) 16. 使用示波器 X-Y 模式輸入兩正弦波，得到正圓圖形，則此兩波形相位角為　(A)0°　(B)45°　(C)90°　(D)180°。

(　　) 17. 若要觀測調變信號的頻率分佈，應使用下列何種儀表？
(A) 數位電壓表　　　　(B) 夾氏電表
(C) 頻譜分析儀　　　　(D) 儲存式示波器。

問答題

1. 觀測波形時，若示波器上出現了無法同步而持續快速左右移動的波形，可能是哪些原因？
2. 使用示波器時，若發現螢光幕並未顯示時基線，可能有哪些原因？
3. 試說明示波器衰減探棒的作用？
4. 試討論三角波與鋸齒波、方波與脈波有何不同？
5. 試舉例說明正弦波、方波、三角波的應用？
6. 頻率計數器可以測量週期與頻率，若輸入信號頻率較時基頻率高，則計數值為週期或頻率？反之又為何？

4 被動元件測量

4-1　電阻器

4-2　電容器

4-3　電感器

4-4　變壓器

4-1 電阻器

電阻器為最常使用的被動元件。1Ω 的電阻器表示通過 1A 電流時兩端產生 1V 電壓降。電阻基本定義及單位如下：

$$R = \frac{V}{I} \qquad 歐姆（\Omega）= \frac{伏特（V）}{安培（A）}$$

測量電阻值可以使用三用電表、數位複用表（DMM）、電阻電橋，或是測量電壓、電流，再依定義加以推算。

4-1-1 三用電表測量表

三用電表的歐姆檔由電池、表頭電路及倍率電阻組成，其簡化電路如圖 4-1 所示。R_H 表示由倍率電阻與表頭電路組成的歐姆表總電阻。

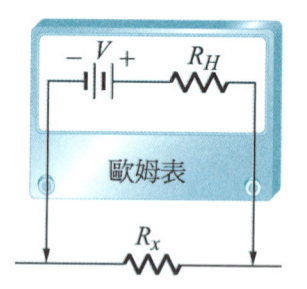

▲ 圖 4-1 三用電表歐姆檔電路結構

電池加到 R_H 與待測電阻 R_X 組成串聯電路。由於電表頭滿偏轉代表待測端電阻為 0Ω，因此將待測端短路，流過表頭的滿刻度電流 $I_{FS} = \frac{V}{R_H}$；此時調整 R_H 值使指針（滿偏轉）位於 0Ω 刻度，即為「歸零」。接上待測電阻 R_X 時，可得表頭電流 $I = \frac{V}{R_H + R_X}$；由此計算可得：

$$表頭偏轉量 = \frac{I}{I_{FS}} = \frac{R_H}{R_H + R_X}$$

若偏轉量為半刻度時，待測電阻與歐姆表電阻正好相等，由此可知，**歐姆檔內阻等於半刻度電阻指示值**。

三用電表測量電阻的方法如下：

1. 將三用電表準備就緒，探棒依極性（顏色）插好備用。
2. **指針歸零**：目視三用電表指針是否指在最左邊指示刻度 0 的位置（刻度 0 而非 0Ω 位置）。如果沒有歸零，找到盤面上機械歸零調整的旋鈕（指針轉軸上），使用適當大小的螺絲起子，將指針調整歸零備用。
3. **選擇適當的歐姆檔**：若已知電阻值大約的範圍，即依此選擇適合的電阻檔位。例如：測量二極體靜態電阻值，因為一般二極體導通後，電阻值大約是在數百歐姆，則可選擇 $R\times 10$ 檔測量，如此指針可能指示的範圍大約會在刻度的中間位置，比較有利於判讀。但若無法得知待測電阻範圍，則可由較高檔位開始，若指針偏轉量太小，再調整至較小的刻度。
4. **零歐姆調整**：將兩隻測試棒互相接觸（短路），目視指針是否偏轉到最右邊刻度為 0Ω 的位置。若沒有指在 0Ω 的位置，則旋轉零歐姆調整旋鈕直到指針指示 0Ω 為止。**零歐姆調整可說是測量電阻最重要的步驟，必須經過零歐姆調整後才能得到正確的讀數**。注意，在每次轉換檔位之後，都必須重做零歐姆調整。
5. **若是無論如何調整都無法指示到 0Ω，表示歐姆表內的電池電量不足，必須更換電池再測量**。一般指針式三用電表內有 $1.5V\times 2$ 與 $9V\times 1$ 兩組電池，除 $R\times 10k$ 檔位同時使用到兩組電池外，其餘檔位均只有使用 1.5V 電池，可依此判別何者需要更換。
6. **測量電阻**：將探棒接觸電阻兩端（不考慮極性），同時觀察指針停止偏轉後所指示的位置，再將其指示之讀數，乘以電阻檔位乘數，即可得測量之電阻值。
7. **修正檔位**：若讀數過大或過小，使得判讀困難，則調整檔位儘量使指針偏轉在中間位置。

使用歐姆表測量電阻時要注意：

1. **測量時電阻必須至少有一端開路**：因為一方面歐姆表無法測量帶有電流（電壓）的電阻值。若電阻含有電流（電壓），將會與歐姆表電路並聯，電阻上的電流可能經由歐姆表電路流經表頭，使得流過表頭電流無法與待測電阻量成比例，甚至於會燒毀表頭。另一方面，若電阻沒有開路測量，則測得的電阻將會是電路待測兩端的總電阻值，而非單一待測電阻的電阻值。

2. **每更換一次電阻檔位都需要再做一次零歐姆調整**：這一點非常重要，但也是最常被忽略。

3. **測電阻時不可同時接觸到待測電阻兩端**：人體本身為導體，若同時接觸到電阻兩端，可能造成人體電阻與待測電阻並聯，影響測量的準確。

4. 歐姆表本身具有電源，因此使用之後請將電表撥盤撥到 OFF（關閉）的位置。若無 OFF 檔位，則撥到歐姆檔以外的位置，以免放置不用時漏電或不小心探棒接觸而消耗電池電力。

　　如圖 4-2 為三用電表測量電阻，選擇 ×10Ω 檔，判讀測量值為 $32.9 \times 10\Omega = 329\Omega$。

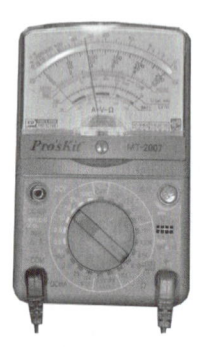

▲ 圖 4-2　三用電表測量電阻（右圖為刻度盤放大圖）

例題 1

如右圖所示為三用電表撥於 R×10 檔位測量電阻之結果，試求待測電阻值。

解　Ω 刻度指示準確值 17，加一位估計約為 17.5
測量結果　$R = 17.5\Omega \times 10 = 175\Omega$。

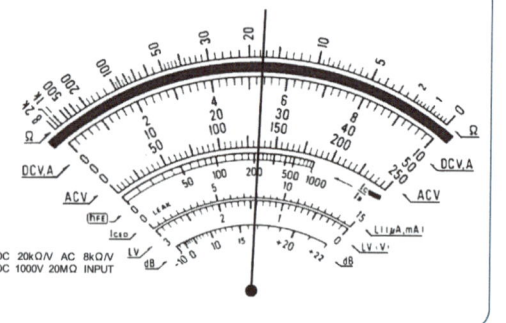

4-1-2 數位複用表測量法

若是使用數位式複用表測量電阻，操作與指針式大同小異，但不需做任何調整，只要將撥盤選擇到正確的檔位，即可由顯示器直接讀取電阻值，如圖 4-3 測得數值為 327.97Ω，可以跟前面三用電表測量的結果做比較。

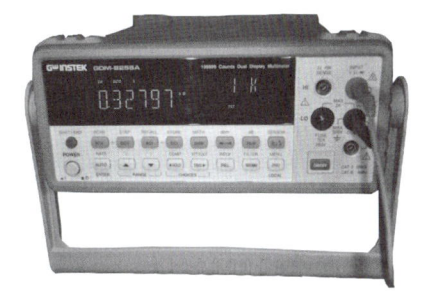

但是測量電阻時必須使用探棒與待測電阻接觸，此時在接觸點會產生接觸電阻，因此測量所得的電阻應該是待測電阻值與接觸電阻的串聯值。在測量較高阻值電阻器時，接觸電阻的大小對測量值的影響可以被忽略，但是測量較低電阻值時，就會大幅降低測量的準確度。為避免這種狀況，高階 DMM 提供 4 線（4W）的測量模式。以下以 GDM-8255A 為例說明 4 線測量（有關 GDM-8255A 的介紹請參考第 2 章），

△ 圖 4-3　數位式複用表測量電阻

4 線測量電阻方法如下：

1. 依 2 線（2W）或 4 線（4W）的測量方式連接待測端。2 線式測量為一般電阻測量方式，4 線式必須將另 2 個接點接到同邊的位置，如圖 4-4。

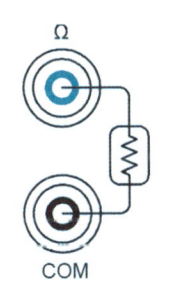

(a) 2 線式連線方式 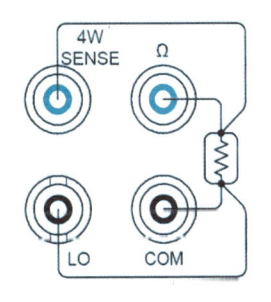　　　　　　　　(b) 4 線式連線方式

△ 圖 4-4　2 線（2W）或 4 線（4W）探棒連接方式

2. 按下「2W/4W」按鍵，選擇 2 線或 4 線式測量，測量的模式會在顯示幕上指示。

3. 選擇自動檔位「AUTO」或是使用上、下鍵選擇檔位。測量的檔位會顯示在螢幕。

4. 在螢幕上讀取顯示電阻值。

如圖 4-5，使用不同方法測量 1 公尺的單蕊線電阻，若使用 2 線式測得結果為 0.357Ω；但改用 4 線式測量值則為 0.100Ω，明顯可知測量低電阻時必須使用 4 線式測量才能得到正確的測量值。若依照 GDM-8255A 使用說明書的規範，低於 1kΩ 電阻就應該使用 4 線式的測量方式，才能得到較準確的測量結果。

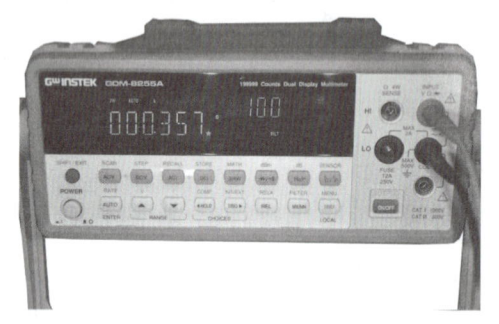

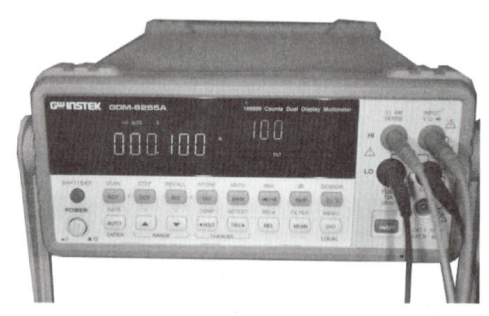

▲ 圖 4-5　2 線 /4 線式實測

4-1-3　電阻電橋測量法

使用電橋電路測量電阻，**屬於比較測量法**，電橋測量法具有下列特點：

1. 採用零平衡調整，準確度提高。
2. 測試結果不受零位指示裝置（檢流計）特性的影響。
3. 待測元件值經由標準元件比較獲得，精密度提高。
4. 解析度高於指針型電子儀表。
5. 可藉由電路設計，符合特殊測量條件。
6. 測量較為複雜，操作不便。

電阻電橋種類很多，在此介紹的電阻電橋包括惠斯登電橋（Wheatstone bridge）、凱文電橋（Kelvin bridge）和柯勞許電橋（Koh Lrausch bridge）。

如圖 4-6 為基本惠斯登電橋電路。R_1、R_2 稱為比例臂，R_S 為標準臂，R_X 為待測電阻，G 代表檢流計。

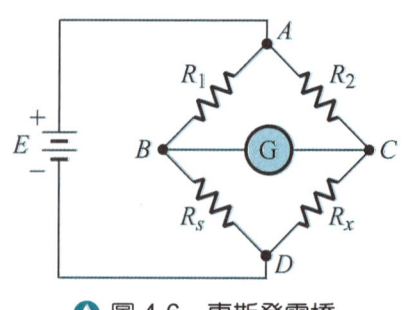

▲ 圖 4-6　惠斯登電橋

當流過檢流計電流為 0 時，由戴維寧等效電路計算可得 $\dfrac{R_1}{R_2} = \dfrac{R_S}{R_X}$，依此計算 R_X 之值：

$$R_X = \dfrac{R_2}{R_1} \times R_S \text{（其中 } \dfrac{R_2}{R_1} \text{ 為測量的倍率）}$$

例題 2

如圖 4-6 電路之惠斯登電橋，若 $R_1 = 2\text{k}\Omega$，$R_2 = 10\text{k}\Omega$，$R_S = 1.5\text{k}\Omega$，試求 R_X 之值。

解 ∵ 倍率 $\dfrac{R_2}{R_1} = \dfrac{10\text{k}}{2\text{k}} = 5$ ∴ 待測電阻 $R_X = \dfrac{R_2}{R_1} \times R_S = 5 \times 1.5\text{k}\Omega = 7.5\text{k}\Omega$。

惠斯登電橋測量電阻適合測量中電阻值，範圍大約自 1Ω 至數 MΩ。其測量上限受制於測量高電阻值時檢流計靈敏度不足；下限受制於接線本身電阻及接觸電阻。若是檢流計的靈敏度較低，或是流經檢流計電流不足以使檢流計偏轉，則無從判別是否真的平衡。反過來若是檢流計的靈敏度太高，則會使得零點調整困難。

圖 4-7 為凱爾文電橋，針對惠斯登電橋不能測量低電阻的缺點而加以改善，同時可以去除電橋引線、接線及接觸電阻的影響，主要測量接線、接點及接地等低電阻值，其範圍大約在 1Ω 以下，可至 0.00001Ω。R_A 及 R_B，r_a 及 r_b 為雙比例臂，R_S 為標準電阻，R 為 R_S 與待測電阻 R_x 之接點電阻，亦可視做接觸電阻。

當內電橋平衡 $\dfrac{R_A}{R_B} = \dfrac{r_a}{r_b}$ 時由外電橋平衡條

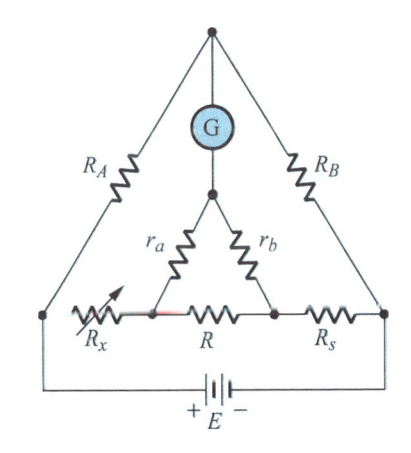

▲ 圖 4-7　凱爾文電橋

件可得待測電阻 $R_X = \dfrac{R_A}{R_B} \times R_S$，此時接點電阻 R 對電路沒有任何影響，**因此凱文電橋又稱雙電橋**。

如圖 4-8 為柯勞許電橋，其最大特點在於使用交流電源，是唯一之交流電阻電橋。主要的功能在於測量電解液電阻值、電池內阻。R_1、R_2 為滑線電阻，R 為參考電阻，以耳機代替檢流計做平衡檢驗。電橋平衡時可求得 $R_X = \dfrac{R_1}{R_2} \times R$。

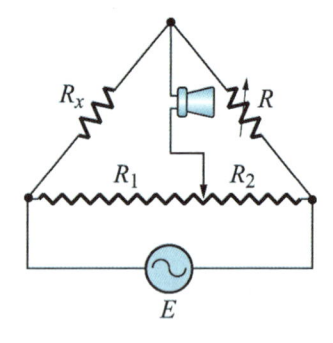

▲ 圖 4-8　柯勞許電橋

4-1-4　電路電阻測量法

工作中的電路電阻含有電流，無法使用歐姆表測量。若必須測量電阻，就可以使用安培表（測量電流）以及伏特表（測量電壓）先測量電阻之電流及電壓，再依 $R = \dfrac{V}{I}$ 之關係式，計算電阻值，此種測量電阻的方式為間接測量。

例題 3

如圖電路之未知元件兩端測得電壓為 12.6V，若串聯之 10kΩ 標準電阻上測得電壓為 2V，試求未知元件之電阻值？

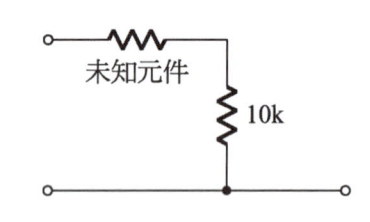

解　由條件可知元件電壓 $V = 12.6V$

∵ 串聯電流相等　∴ 元件電流 = 10kΩ 電流 = $\dfrac{2V}{10kΩ}$ = 0.2 mA

因此元件電阻 $R = \dfrac{V}{I} = \dfrac{12.6V}{0.2mA} = 63kΩ$。

測量電壓時電壓表必須與待測元件並聯。若是理想電壓表，內阻無窮大，並聯不會造成額外的分流，對於測量結果不會有影響。實際上，電壓表內阻雖然很大，但是不免在並聯時會造成分流，使得電流表的讀數產生誤差。同樣的，一般電流表都是與待測元件串聯，理想電流表的內阻為 0，串聯時不會造成分壓，影響電壓測量的結果，但實際上仍然會在測量電壓時產生誤差。

為了減少誤差的產生，間接測量電阻時，電壓表與電流表的連接必須根據待測電阻的大小做調整。圖 4-9(a) 為適合高電阻值測量的電路連接形態，圖 4-9(b) 為適合低電阻值測量的連接方式。

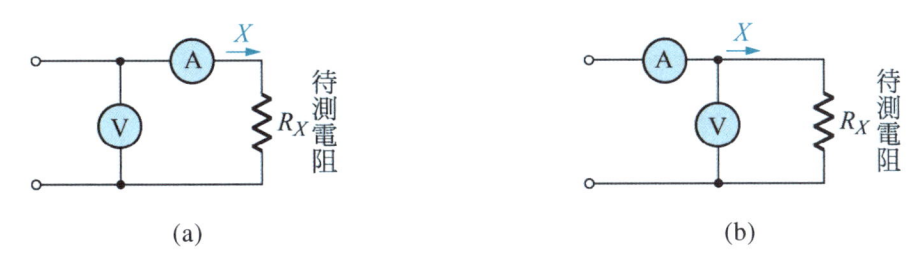

▲ 圖 4-9　電阻間接測量電路連接

例題 4

如圖 4-9(a) 電路，電流表測得電流為 1mA，電壓表測量電壓為 20.5V，若已知電流表內阻為 500Ω，試求測量電阻值以及誤差？

解

測量值 $R = \dfrac{V}{I} = \dfrac{20.5\text{V}}{1\text{mA}} = 20.5\text{k}\Omega$

∵ 測量值為待測電阻與電流表內阻串聯

∴ 實際電阻值 $R_X = R - R_m = 20.5\text{k} - 0.5\text{k} = 20\text{k}\Omega$

誤差值 $\varepsilon\% = \dfrac{20.5 - 20}{20} \times 100\% = 2.5\%$。

隨堂練習

1. 使用＿＿＿＿測量電阻是直接測量；測量元件電壓、電流，再計算電路電阻值屬於＿＿＿＿測量；使用電橋測量電阻屬於＿＿＿＿測量。
2. 使用二用電表測量電阻必須先做＿＿＿＿調整。
3. 三用電表沒有電池不能測量＿＿＿＿。
4. 三用電表半刻度電阻指示值等於歐姆檔＿＿＿＿。
5. 三用電表歐姆檔半刻度正好為 20Ω，若撥在 ×1k 檔，則其內電阻（R_H）值應為＿＿＿＿。
6. 如圖 4-6 惠斯登電橋，若 $R_1 = 10\text{k}\Omega$，$R_2 = 20\text{k}\Omega$，若 $R_S = 25\text{k}\Omega$，則 R_X 之值為＿＿＿＿。
7. 電路某元件以電壓表測量兩端電壓為 0.7V，以電流表測得 14mA 電流，則其等效電阻值為＿＿＿＿。

4-2 電容器

電容器為電荷儲存元件。電容量的大小定義為，兩端加 1V 電壓時儲存 1C 電量稱為 1F（法拉）：

$$C = \frac{Q}{V} \quad 法拉（F）= \frac{庫侖（C）}{伏特（V）}$$

在其他電特性上，電容電壓為電流的積分函數 $V_C = \frac{1}{C} \int i_C(t)\, dt$，其交流電抗與頻率成反比 $X_C = \frac{1}{\omega C} = \frac{1}{2\pi fC}$，電流領前電壓 90°。

電荷電容器的測量可使用電容表、LCR 測量表來直接測量，或利用諧振特性來做間接量測。當然也可以使用電橋來做比較測量。另外，由於電解電容漏電的現象對電路的特性影響很大，同時亦介紹電解電容漏電的檢測方法。

4-2-1 電容表測量

目前有許多電容表均可直接量測電容值，如圖 4-10 MT4080 數位式 LCR 電表。使用這類儀表非常簡單，與電阻測量相同，只要直接將電容接在測試棒上，選擇電容量測量的檔位即可直接在顯示板上讀取電容值。

數位式儀表具有強大運算能力，利用電路取得元件特性參數，即可推算出待測元件數值。如圖 4-11

▲ 圖 4-10　數位式 LCR 電表

即為數位電表檢測電容值電路。電路中藉由 OPA 虛接地特性可知電容電壓等於輸入電壓 V_i，接著求出電流大小 $I = \frac{V_C}{X_C} = V_i \times \omega C$，可得 $V_R = I \times R$ $(V_i \cdot \omega \cdot R) \times C = k \times C$，電阻電壓與電容值成比例，只要測量電阻電壓即可得到相對應的電容值。

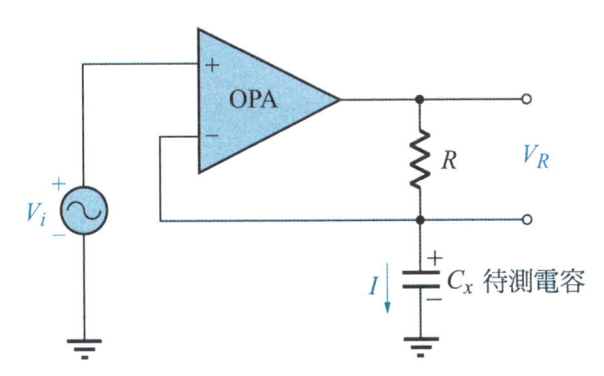

▲ 圖 4-11　數位式電容表檢測電路

數位式 LCR 電表的操作大同小異。以 MT4080 為例，MT4080 掌上型數位 LCR 電表具有 4 位數十進位顯示，100Hz 到 100kHz 的工作頻率，除了可以直接測量 L、C 值之外，還具有 Z 與 θ、D、Q 值以及 DCR（直流電阻）、ESR（等效串聯電阻）的量測功能，準確度可達 $\pm 0.2\%$。

使用 MT4080 測量電容，首先必須做校正（CAL）的動作。校正動作包括開路（OPEN）及短路（SHORT）校正。實施開路校正時先將電路測試端開路，再按下「CAL」按鍵，數秒後聽到嗶聲警示後即完成校正動作；短路校正方法相同，但須先使用短路片將測試端短路。每次更換檔位都應再做校正工作，確保測量的準確性。

接著是設定測試條件，包括：設定工作電壓、工作頻率及顯示速度。工作電壓的設定使用「Level」按鍵，可在 50mV_{rms}、500mV_{rms}、1V_{rms} 之間選擇，一般量測時選用 1V_{rms}；工作頻率設定使用「Frequency」按鍵，有 100、120、1k、10k、100kHz 5 個檔位可做選擇，一般量測電容值選用 100Hz 或 1kHz 都可以，不同的工作頻率的電容量會略有不同；顯示速度使用「Speed」按鍵，有 Fast（4.5 次 / 秒）及 Slow（2.5 次 / 秒）兩種選擇。

校正與設定完成之後，按下「L/C/Z/DCR」按鍵，依面板指示選擇電容測量（C_P，C_S）測試功能，再將待測電容插到測試端（H POT、L POT）座上即可讀取電容值。但別忘記，在做任何電容的測量之前，應該先將電容兩端放電。一般來說，放電只要將電容兩端短路即可，但若是充電量較大的電容，直接短路會產生火花，不僅危險，對電容也會造成破壞，應該要使用較低阻值電阻跨接在電容兩端放電較適當。

實際上電容等效電路如圖 4-12 所示，含有電阻成份在內。使用 LCR 電表可針對不同電路特性需求，分別測量其串聯等效電容（C_S）或是並聯等效電容值（C_P），由於等效的 R_P 值通常都很大，而電容值愈小，電容抗愈大，因此並聯的 R_P 值不可忽略；反之，電容值愈大時電容抗愈小，並聯的 R_P 值可以忽略。同理，由於等效的 R_S 值都很小，電容值愈大，R_S 愈不能忽略；電容值小 R_S 可以忽略。測量電容器時，可依此原則，小電容測量使用並聯模式；大電容則使用串聯模式。

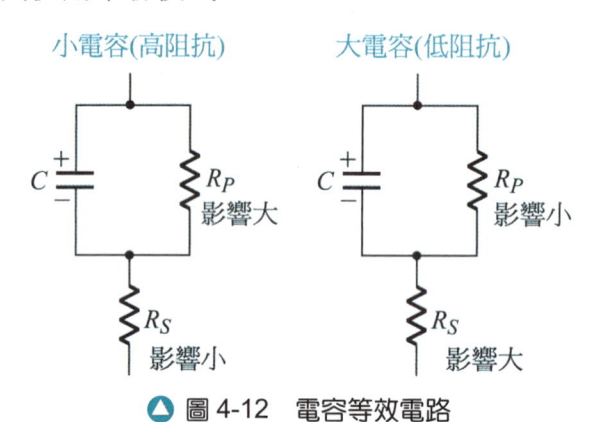

▲ 圖 4-12　電容等效電路

另外，以 MT4080 為例，要選擇串聯或並聯模式，可以使用阻抗值來做參考。測量電阻時，按下「L/C/Z/DCR」按鍵將功能選擇在 Z（阻抗）量測，即可讀取等效阻抗值，同時也能顯示出 θ（阻抗相位角）。依原廠建議，若是測量阻抗值在 10Ω 以下，選擇串聯模式；阻抗值在 10kΩ 以上，選擇並聯模式；兩者之間則依需求而定，一般來說測量值相差不多。

同時 MT4080 亦可同時讀得等效電路之 D（損失因數）或 Q（品質因數）值，只要用「D/Q/θ/ESR」按鍵來選擇就可以。

除了以上測量方式，某些數位電表上也已經可以直接測量電容值，如圖 4-13 泰電 TES 2206 掌上型數位複用表。只要撥到適當檔位，將電容插接於電容測量座上即可讀取電容值。

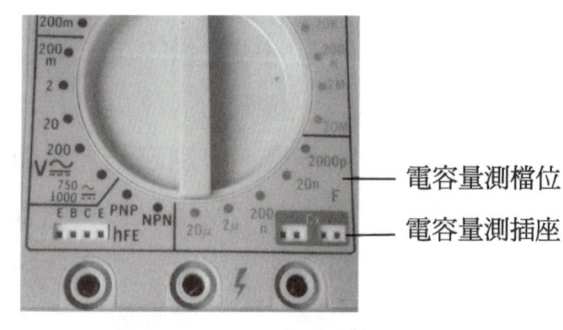

▲ 圖 4-13　數位複用表測量電容

4-2-2 電容間接測量

以三用電表歐姆檔利用 RC 充放電暫態特性亦能估測電容量。

例題 5

使用三用電表 R×1kΩ 檔,設三用電表歐姆檔中央刻度為 20Ω,測量一電解電容,指針由最大偏轉到停止偏轉約花費 1 秒鐘,試求電容值?

解 歐姆表內阻 $R_H = 1k \times 20 = 20k\Omega$　電容穩態時間 $T = 5RC$

$$\therefore C = \frac{T}{5R} = \frac{1\text{sec}}{5 \times 20\text{k}\Omega} = 10\mu F$$

上述方法實際使用時會因為計時誤差以及指針偏轉的阻尼特性,造成極大誤差,因此只適用於大容量電解電容之估算。

使用諧振特性同樣可以計算電容量。這樣的間接測量則是適合較小電容量的電容,但不可避免的會受到信號頻率變動及電阻、電感誤差的影響。

例題 6

如圖之串聯諧振電路,當調整電源頻率為 10kHz 時,電壓表測量到最大電壓值。若已知電阻 $R = 200\Omega$,L = 50mH,試求電容值?

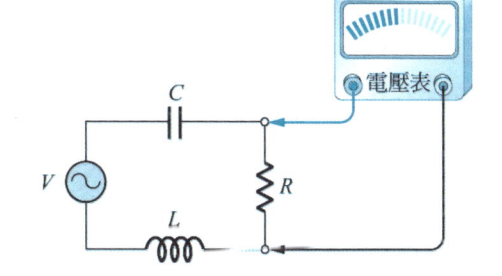

解 電壓最大表示諧振　此時 $V_R = V$

$$\because f = \frac{1}{2\pi\sqrt{LC}}$$

$$C = \frac{1}{(2\pi f)^2 \cdot L} \fallingdotseq 0.005\mu F$$

4-2-3 電容比較測量

如圖 4-14 為史林電橋（Sherling bridge），史林電橋為電容量測電橋。當電橋平衡時，可推得未知電容及其等效電阻值為：

$$C_X = C_3 \times \frac{R_1}{R_2} \qquad R_X = R_2 \times \frac{C_S}{C_3}$$

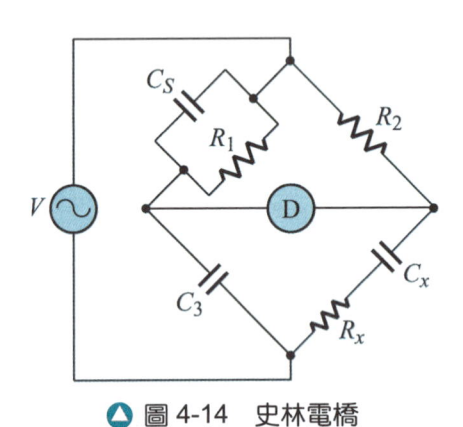

▲ 圖 4-14　史林電橋

史林電橋同時可以測量電容損失因數 D，或品質因素 Q：

$$D = \frac{1}{Q} = \frac{R_X}{C_X} = \omega\, R_X\, C_X$$

4-2-4 電容漏電檢測

理想電容器在充電完成之後，具有開路的特性，不會再有電流通過。但實際的電容器則有少量電流持續流通，這就是所謂的漏電電流（I_{leakage}）。漏電流的大小與電容器的漏電電阻（R_{leakage}）有關，漏電阻愈大則漏電流愈小，電容器特性愈好。一般電容的漏電電阻值相當高，約為數 MΩ，但是電解電容的漏電電阻卻低於 1MΩ。因此，使用大電容量的電解電容器之前，最好能先做漏電量的測量，以確保電路工作狀態不受影響。

若要測量電解電容的漏電量，只要測量其直流電阻大小就可以。可以使用三用電表歐姆檔，直接選擇最高的電阻檔位，測量電容兩端電阻值。當探棒接在電容兩端瞬間，指針應直接偏轉到 0Ω，之後慢慢減少偏轉量，最後

的讀數即是電容的直流電阻值，一般都停在靠近∞的位置，表示電容漏電量非常小。若使用 MT4080 LCR 電表可以使用 DCR 測試功能，只要在測量電容時選擇 DCR 功能，就可以在面板上讀取其直流電阻值。

隨堂練習

1. 電容的量測可使用_____、_____，也可以利用_____、_____等電路特性推算電容量。
2. 電容量測之前一定要先將電容_____，以免殘餘電量破壞儀表。
3. 電容漏電量一般以_____表示，電解電容的漏電量較大。
4. RLC 串聯電路 $R = 100\Omega$，$L = 10\text{mH}$，外加 10V 正弦波電壓，若調整頻率為 250kHz 時，電阻兩端測得 10V 電壓，則電容值應為_____。

4-3　電感器

電感器為電能與磁能轉換元件。電感量的大小定義為，流過 1A 電流時產生 1Wb（韋伯）磁通稱為 1H（亨利）：

$$L = \frac{\varphi}{I} \quad 亨利（H）= \frac{韋伯（Wb）}{安培（A）}$$

在其他電特性上，電感電壓為電流的微分函數 $V_L = L\frac{di(t)}{dt}$，其交流電抗與頻率成正比 $X_C = \omega L = 2\pi f L$，電流落後電壓 90°。

電感器的測量可使用 LCR 測量表直接測量，或利用諧振特性來間接測量電感值，也可以使用電橋比較測量。利用 Q 表則可測量線圈的電感量及分布電容量。

4-3-1　電感表測量

使用 LCR 電表直接測量電感操作方式與電容測試相同，只要將電感直接置於測量座上即可由顯示面板上讀取電感數值。不同的是電感操作頻率較高，工作頻率選擇在 1kHz 以上。以 MT4080 為例，電感值測量同樣也可選擇串聯模式（L_S）以及並聯模式（L_P），如圖 4-15 所示電感串聯及並聯等效電路。

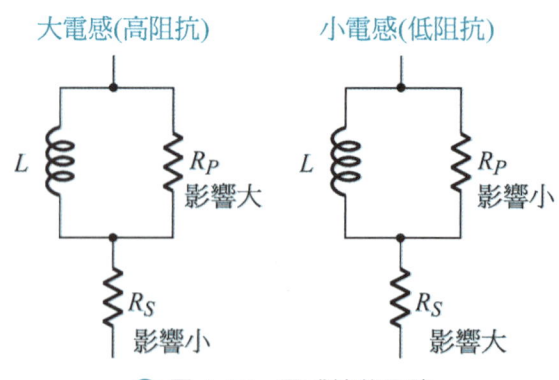

▲ 圖 4-15　電感等效電路

4-3-2　Q 表測量

如圖 4-16 所示為 Q 表的基本電路結構，含有一頻率可調寬頻帶振盪電路、標準可調電容及高阻抗電子電壓表。

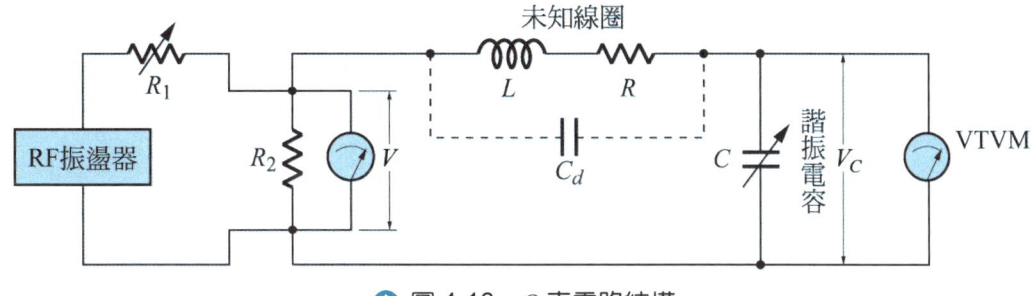

圖 4-16　Q 表電路結構

Q 表利用諧振電路特性測量電感量。待測電感與標準電容串聯，固定振盪器輸出頻率，調整可調電容使 VTVM 測量到最大電壓值時表示電路諧振。利用諧振頻率與 LC 關係計算未知電感量：

$$\because f_o = \frac{1}{2\pi\sqrt{LC}} \quad \therefore L = \frac{1}{(2\pi f_o)^2 \, C} = K \times \frac{1}{C}$$

由於電感值與電容值成固定比例，亦能直接在電容調整盤刻上電感值刻度直接讀取電感值。

Q 表除了測量電感值之外，同時可以測量 Q 值與線圈分佈電容 C_d。諧振時由諧振電路性質可推知電感 Q 值為：

$$Q = \frac{Q_L}{P} = \frac{X_L}{R} = \frac{I \cdot X_C}{I \cdot R} = \frac{V_C}{V_R} = \frac{V_C}{V}$$

因此只要測量振盪器信號電壓 V，與 VTVM 測量之電容電壓 V_C，即可求得 Q 值。

分佈電容量的測量，首先選定振盪頻率 f_o，調整電容使電路諧振，設此時電容值為 C_A，則諧振頻率 $f_o = \dfrac{1}{2\pi\sqrt{L(C_A + C_d)}}$；再調整振盪頻率為 $\dfrac{f_o}{2}$，再度調整電容使電路諧振，設此時電容值為 C_B，則諧振頻率 $\dfrac{f_o}{2} = \dfrac{1}{2\pi\sqrt{L(C_B + C_d)}}$，由兩者關係推知 $C_d = \dfrac{C_B - 4C_A}{3}$。

例題 7

試證明上述 Q 表測量分佈電容值公式：$C_d = \dfrac{C_B - 4C_A}{3}$

解

$$f_o = \dfrac{1}{2\pi\sqrt{L(C_A + C_d)}} \cdots\cdots(1)$$

$$\dfrac{f_o}{2} = \dfrac{1}{2\pi\sqrt{L(C_B + C_d)}} \cdots\cdots(2)$$

由 $\dfrac{(1)}{(2)}$ 可得 $2 = \sqrt{\dfrac{C_B + C_d}{C_A + C_d}}$ $\quad \therefore \dfrac{C_B + C_d}{C_A + C_d} = 4$ $\quad$ 化簡 $C_d = \dfrac{C_B - 4C_A}{3}$

4-3-3 電感比較測量

馬克斯威電橋（Maxwell bridge）、海氏電橋（Hayes bridge）、歐文電橋（Owen bridge）皆為電感電橋。由於標準電感製作不易，因此一般電感電橋皆使用電容來做為標準元件。

圖 4-17 為馬克斯威電橋，適合低 Q 值（低於 10）電感測量。平衡時電感與等效電阻值為：

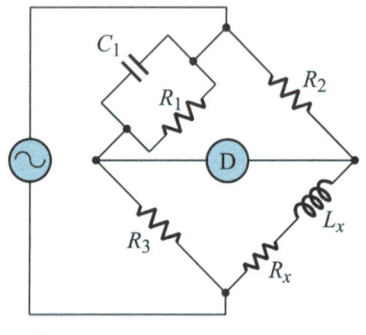

△ 圖 4-17　馬克斯威電橋

$$L_X = R_2 \cdot R_3 \cdot C_1 \quad R_X = \dfrac{R_2 \cdot R_3}{R_1}$$

圖 4-18 為海氏電橋，適合高 Q 值 ($10 \sim 100$) 電感測量。平衡時電感與等效電阻值為：

$$R_X = \dfrac{\omega^2 C_1^2 R_1 R_2 R_3}{1 + \omega^2 R_1^2 C_1^2} \quad L_X = \dfrac{C_1 R_2 R_3}{1 + \omega^2 R_1^2 C_1^2}$$

代入 $Q = \dfrac{\omega L_X}{R_X} = \dfrac{1}{\omega R_1 C_1} \quad R_X = \dfrac{R_2 R_3}{R_1(1 + Q^2)} \quad L_X = \dfrac{C_1 R_2 R_3}{1 + \dfrac{1}{Q^2}}$

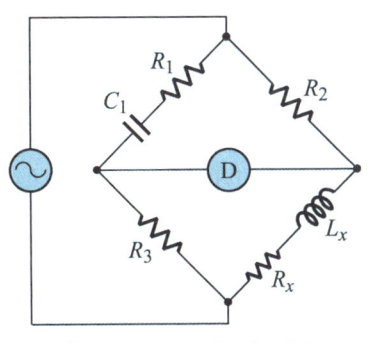

▲ 圖 4-18　海氏電橋

圖 4-19 為歐文電橋，穩定度高。平衡時電感與等效電阻值為：

$$L_X = R_2 R_3 \cdot C_1 \qquad R_X = \frac{R_2 \cdot C_3}{C_1}$$

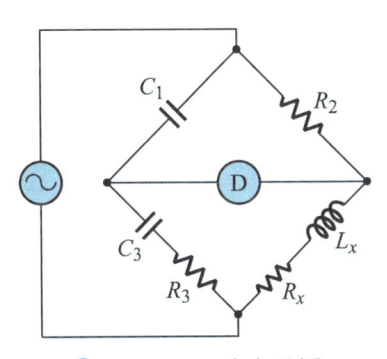

▲ 圖 4-19　歐文電橋

隨堂練習

1. 電感的量測可使用哪三種測量方式＿＿＿、＿＿＿、＿＿＿。
2. 電感電橋大多使用＿＿＿做為標準元件。

4-4 變壓器

變壓器種類繁多，但其結構大同小異，多是漆包線圈繞在由矽鋼片重疊的鐵心製成。這裡所介紹的變壓器，是以一般常用的電源變壓器為例。使用變壓器時應注意檢查變壓器是否堪用，以及測量初級、次級繞組比和極性等重要參數。

4-4-1 變壓器的短路、斷路測試

變壓器線圈分為初級圈及次級圈。以 PT-12 變壓器為例，初級圈為標示 110V 電壓處，有 2 個接點；次級圈則為標示 12V～9V～6V～4.5V～3V～0V 處，有 6 個接點。變壓器同一側的線圈為同一繞組，若變壓器堪用，則測量變壓器同一側的任兩端點間圈線電阻值應該等於其繞組導線電阻值，理想應為 0Ω（短路）。此外，不同側的線圈則應完全絕緣，因此測量不同側之間的電阻應該無窮大（開路），否則表示變壓器已損毀不能使用。

測量變壓器電路如圖 4-20 所示，實際上同側繞組應有導線電阻值，初級端繞組數高；導線較細，電阻值較次級端高，以 PT-12 為例，初級端（110V～0V）約有 200Ω；次級端（12V～0V）僅有 2Ω 左右。

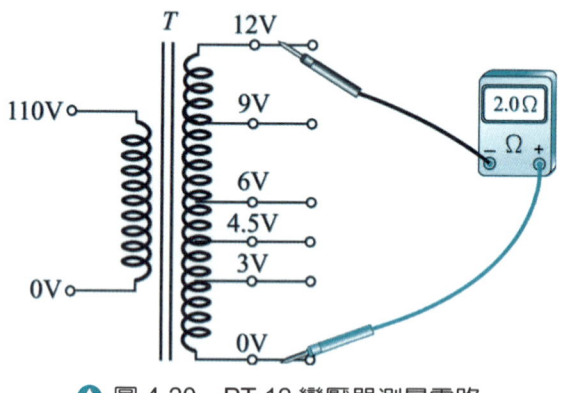

▲ 圖 4-20　PT-12 變壓器測量電路

在實用上，變壓器的短路、斷路測試只能初步測量變壓器堪用與否，必須進一步測量變壓器的輸出輸入電壓才能確定變壓器的功能是否正常。

4-4-2 變壓器的電壓及繞組比測試

變壓器的工作原理是以初級線圈加入交流電源產生交鏈磁通,而在次級線圈得到感應電動勢。初級次級所得到的電壓應該與繞組成比例:$\frac{N_P}{N_S} = \frac{V_P}{V_S}$。由於變壓器大多非自行繞製,而是使用廠商現成或訂製的產品,因此無從得知其實際繞組數,只能由標示或是測量初、次級電壓值求得。

同樣以 PT-12 為例,其初級標示為 110V(有效值),次級標示 12V～0V,即表示其初、次級繞組比例應為 $\frac{110V}{12V} = 9.167$。但實際上的比例必須加以測量才能得到較準確的數值。若測量的結果,顯示變壓器的繞組數與標示大略相符,則在一定的誤差範圍內其輸出電壓同樣與標示相符,代表變壓器功能正常。

> **例題 8**
>
> 使用交流電壓表測量某變壓器初級端電壓為 105V,次級端 11.4V,試求其繞組比?
>
> **解** $\frac{N_1}{N_2} = \frac{V_1}{V_2} = \frac{105}{11.4} \fallingdotseq 9.21$。

4-4-3 變壓器的平衡測量

一般變壓器次級圈常有中央抽頭的設計,可以在同一個繞組中得到兩組大小相同、相位對稱的電壓輸出。如 PT-12 次級圈 12V、6V、0V 三個端點中,6V 端點即為次級繞組的中央抽頭。中央抽頭的設計應該兩邊對稱,才能得到平衡輸出。因此在 12V～6V 兩端量測得到的電壓大小,應該與 6V～0V 兩端量測到的完全相同。

又因為兩組輸出同為次級圈繞組,線圈導線材料與線徑相同,兩端電阻值應與繞組數成比例。因此,亦可以使用電阻測量的結果來檢驗平衡性。

4-4-4 變壓器的極性測量

變壓器由於線圈繞組繞製方向不同，會影響磁通變化的方向，進而影響感應電動勢的極性。因此，變壓器輸出電壓極性與繞組方向有關。

一般說來，變壓器的極性都會標示在變壓器上，如圖 4-20 所示，PT-12 初級圈標示 110V～0V，次級圈標示 12V～6V～0V，即表示 110V 端點的相位與 12V 相位相同，極性相同。單以次級圈來說，以 0V 為參考點，則 12V 與 6V 同相位；若以 6V 為參考點，則次級繞組可視為（6V）～（0V）～（−6V），12V 與 0V 相位相差 180°，極性正好相反。

例題 9

試測量 PT-12 初級、次級電壓極性。

解 測量交流電壓極性可以使用示波器相位測量。如右圖為變壓器極性測量電路。

1. 將 CH1 探棒接到初級電壓 110V 端，接地接於 0V 端。由於 110V 電壓過高，為了方便觀察，必須使用 10：1 衰減探棒。CH2 探棒則接到次級電壓 12V 端，接地接於 0V 端。
2. 使用 CHOP 雙跡顯示模式，調整示波器同時顯示 CH1 及 CH2 波形，觀察波形相位即可得知，初、次級電壓極性。
3. 測量結果如圖，可知 110V 端與 12V 端極性相同。

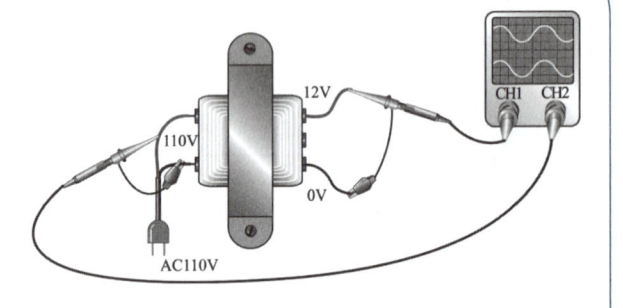

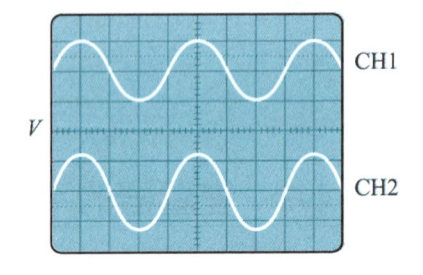

隨堂練習

1. 使用三用電表歐姆檔測量變壓器同側繞組，若發現開路則表示變壓器_____。
2. 一般電源變壓器初級端電壓較高，因此繞組電阻應該比次級端_____。

重點掃描

1. 測量電阻可以使用三用電表、數位式複用表。
2. 測量電容可使用 LCR 電表、電容表，具有電容量測功能的數位式複用表。
3. 測量電感可使用 LCR 電表、Q 表。
4. 使用電橋測量元件屬於間接測量法。
5. 三用電表測量電阻必須要做零歐姆調整。
6. 若三用電表無法零歐姆調整，表示內部電池電力不足。
7. 三用電表使用完畢不可將檔位撥在歐姆檔，以防電池電力漏失。
8. 三用電表歐姆檔內阻等於半滿刻度電阻值。
9. 使用歐姆表測量電阻時，電阻必須開路。
10. 含有電流之電路電阻必須同時測量電壓、電流，再間接求得電阻值，$R = V$。
11. 為了減少誤差的產生，間接測量電阻時，電壓表與電流表的連接必須根據待測電阻的大小做調整，高電阻先與電流表串聯；低電阻先與電壓表並聯。
12. 當測量電阻值小於 1kΩ 時，為避免測量電阻探棒與待測電阻接觸產生接觸電阻影響量測結果，可採用 4 線（4W）的測量模式。一般高階數位式複用表具有 4 線測量功能。
13. 測量極小的電阻（小於 1Ω）可採用凱文電橋。
14. 測量電容前必須將電容放電。
15. 數位式電容表使用前必須先做短路及開路校正。
16. 檢測電容漏電可使用三用電表歐姆檔測量，或使用數位電容表測量 DCR 值。
17. 一般測量電感電橋（馬克斯威電橋、海氏電橋、歐文電橋）都使用電容做為標準元件。
18. 馬克斯威電橋適合低 Q 值電感測量；海氏電橋適合高 Q 值電感測量。
19. 使用歐姆檔測量變壓器同側線圈應該得到一低電阻值，若開路表示燒斷不能再使用。

課後習題 4

選擇題

( ) 1. 三用電表內電池若電力不足，不能測量
(A) 電壓　(B) 電流　(C) 電阻　(D) 以上皆無法測量。

( ) 2. 數位式複用表若電池沒有電，不能測量
(A) 電壓　(B) 電流　(C) 電阻　(D) 以上皆無法測量。

( ) 3. 三用電表歐姆檔半刻度值為 20Ω，試求 $R\times100$ 檔位內阻為
(A)200　(B)2k　(C)20k　(D)2M　Ω。

( ) 4. 使用三用電表測量電阻之前，必須先做
(A) 充電　(B) 校正　(C) 零歐姆調整　(D) 放電　的動作。

( ) 5. 使用三用電表 $R\times1k$ 歐姆檔測量電阻，指針指示 13 位置，表示待測電阻值為　(A)1.3k　(B)13k　(C)130k　(D)1.3M　Ω。

( ) 6. 三用電表撥在 $R\times100$ 檔測量 $3k\Omega$ 偏轉量為 40%，測量某電阻 R_X 偏轉 20%，試求 R_X 值為
(A)2k　(B)5k　(C)8k　(D)16k　Ω。

( ) 7. 測量極小電阻可採用
(A) 數位複用表　　　　(B) 惠斯登電橋
(C) 間接測量法　　　　(D) 凱文電橋。

( ) 8. 測量電路電阻應採用
(A) 電壓表、電流表間接測量 (B) 歐姆表直接測量
(C) 電橋比較測量　　　　(D) 以上皆可。

( ) 9. 下列何者非電橋比較測量法的優點？
(A) 精確度高
(B) 受指示元件特性影響較小
(C) 測量較方便
(D) 可以設計測量電路符合特殊測量條件。

(　　) 10. 測量大容量電解電容器之前,必須先做
(A) 充電　(B) 校正　(C) 零法拉調整　(D) 放電　的動作。

(　　) 11. 使用 4 位數位電容表,選擇滿刻度 10μF 檔位測量,試求其最大指示值應為
(A)10.00μF　(B)9.999μF　(C)10.000μF　(D)9.000μF。

(　　) 12. 電解電容漏電較一般電容都高,電容漏電流大小可用
(A) 直流充電量　　　　(B) 直流穩態電壓
(C) 直流電阻值　　　　(D) 電容耐壓　來衡量。

(　　) 13. 將三用電表撥於 $R \times 1k$ 檔,測量電容時指針由滿偏轉到停止的時間約為 5 秒,若三用表歐姆半刻度為 20Ω,試求待測電容量可估算為
(A)50μ　(B)45μ　(C)22μ　(D)15μ　F。

(　　) 14. 下列何者為測量電容最佳方法?
(A) 電容電橋　　　　(B) 數位電容表
(C) 暫態時間估算　　(D) 三用電表歐姆檔。

(　　) 15. 下列何者為電容電橋?
(A) 海氏　(B) 柯勞許　(C) 歐文　(D) 史林。

(　　) 16. 使用 Q 表可測
(A) 電感量　(B) 電容量　(C) 效率　(D) 電感串聯等效電阻值。

(　　) 17. 電感電橋一般都以 (A) 電感　(B) 電容　(C) 電阻　(D) 高頻用電感、低頻用電容　作為標準元件。

(　　) 18. 下列何者使用三用電表歐姆檔測量時應呈現短路現象?
(A)100μH 電感　(B)220μF 電容　(C)50Ω 電阻　(D) 以上皆非。

(　　) 19. 下列何者適用於高 Q 值電感量測?
(A) 海氏　(B) 歐文　(C) 馬克士威　(D) 史林。

(　　) 20. 變壓器級初、次級比為 10:1,已知初級端電阻為 10Ω,試求次級端電阻?　(A)100Ω　(B)10Ω　(C)1Ω　(D) 無法求得。

✏️ 問答題

1. 使用三用電表測量電阻值應注意哪些事項？
2. 說明使用電橋測量元件的優缺點？
3. 試證明凱文電橋的平衡條件？
4. 試使用 LCR 電表測量電容值，串聯模式與並聯模式各適用於何種條件？為什麼？
5. 試說明間接使用諧振電路測量電容及電感值時誤差的來源？

5 功率、能量測量

5-1　直流功率測量

5-2　交流功率測量

5-3　高頻功率測量

5-4　能量測量

5-1 直流功率測量

功率的定義為單位時間消耗的能量值（$P = \dfrac{W}{t}$）；功率單位瓦特（Watt）。電路元件功率可依此定義推得

$$P = V \times I = I^2 \times R = \dfrac{V^2}{R}$$

例題 1

試證電功率算式 $P = V \times I = I^2 \times R = \dfrac{V^2}{R}$。

解 ∵ $W = Q \times V$ ∴ $P = \dfrac{W}{t} = \dfrac{Q \cdot V}{t} = (\dfrac{Q}{t}) \cdot V = V \times I$

又 ∵ $V = I \times R$ ∴ $P = V \times I = (I \times R) \times I = I^2 \times R = V \times (\dfrac{V}{R}) = \dfrac{V^2}{R}$

由於直流電功率為電壓電流乘積，因此可由測量元件電壓及電流值間接求得。

例題 2

如圖測量功率電路，若不計電壓表及電流表產生之誤差，試求負載兩端功率值？

解 電壓表讀數 100V 電流表讀數 2A
$P = V \times I = 200W$。

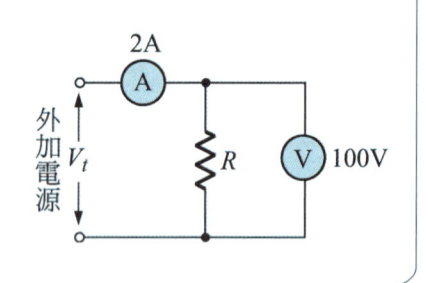

測量電路電壓、電流值時，由於電壓表與電流表的連接方式會造成負載效應產生一定的誤差。

例題 3

使用靈敏度 2kΩ/V 之三用電表，選擇 DC50V 電壓檔測量如圖負載電阻功率，若電壓表讀數為 20V；電流表讀數為 10 mA，試求功率測量的誤差百分比？

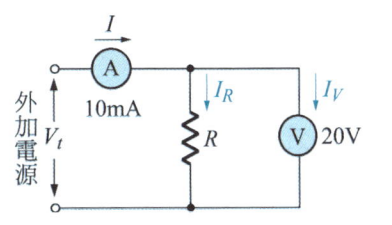

解
(1) 電壓表內阻　$R_V = S \times V = 2\text{k}\Omega/\text{V} \times 50\text{V} = 100\text{k}\Omega$

(2) 電壓表電流　$I_V = \dfrac{20\text{V}}{100\text{k}\Omega} = 0.2\text{mA}$

(3) 電阻實際電流　$I_R = 10\text{mA} - 0.2\text{mA} = 9.8\text{mA}$

(4) 測量值 $M = I \cdot V = 10\text{mA} \times 20\text{V} = 0.2\text{W}$　　真實值 $T = I_R \cdot V = 9.8\text{mA} \times 20\text{V} = 0.196\text{mW}$

$$\varepsilon\% = \dfrac{0.2 - 0.196}{0.196} \times 100\% \fallingdotseq 2\%$$

這種間接測量功率的方式可以應用在一般電路元件，像是二極體、電晶體、積體電路的消耗功率量測。

例題 4

如圖電晶體 A 類放大電路，電流表測得 12mA，電壓表讀數 6V，試求其電晶體直流功率損耗？

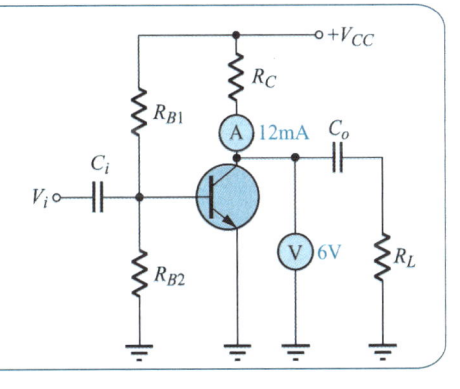

解　$P_c = V_{CE} \times I_{CE} = 12\text{mA} \times 6\text{V} = 72\text{mW}$。

🎯 隨堂練習

1. 一般測量直流電功率可由測量元件_____及_____間接求得。

2. 使用間接測量法測量電功率時，電壓表及電流表內阻會產生_____，影響測量結果正確性。

5-2 交流功率測量

5-2-1 基本波形測量法

交流波形產生功率的電壓值稱為有效值。因此,可以先測量電阻負載上的波形,計算其有效值再推算電阻負載上消耗的功率大小。

例題 5

電晶體 A 類放大器,在輸出端以示波器測得如圖的波形,若時基線調整於中線,負載電阻 $R_L = 1\text{k}\Omega$,試求負載電阻之功率。

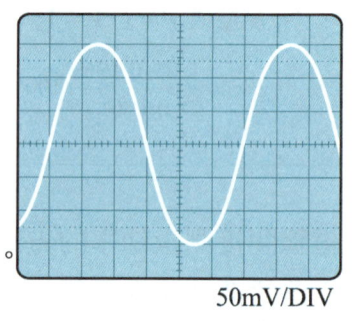

解 $V_P = 3\text{DIV} \times 50\text{mV/DIV} = 150\text{mV}$

$V_{\text{rms}} = \dfrac{V_P}{\sqrt{2}} = 106\text{mV}$　　$P = \dfrac{V^2}{R} = \dfrac{(106\text{m})^2}{1\text{k}} = 11.2\mu\text{W}$。

50mV/DIV

例題 6

某電路 100Ω 負載上測得如圖之交流波形,若時基線調整於中線,試求其負載功率值。

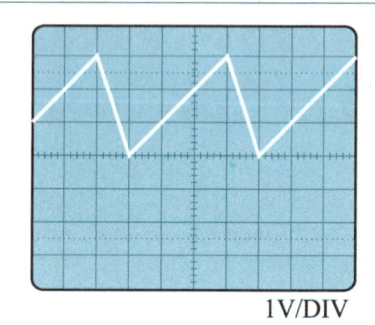

解 $V_P = 3\text{DIV} \times 1\text{V/DIV} = 3\text{V}$

三角波 $V_{\text{rms}} = \dfrac{V_P}{\sqrt{3}}$　　$V_{\text{rms}} = \dfrac{3}{\sqrt{3}} = \sqrt{3}$

$P = \dfrac{V^2}{R} = \dfrac{(\sqrt{3})^2}{100} = 0.03\text{W}$。

1V/DIV

5-2-2 交流功率表測量法

對於電感及電容這類儲能元件來說,並不會消耗任何功率,而是將能量以磁通(電感)或電荷(電容)的形式儲存起來,再釋放到電路中。因此,交流負載若非純電阻性負載,而是含有電感抗、電容抗成份,則其電壓、電流具有相位及頻率特性。這種具有電抗的交流負載可以用向量表示為 $\bar{Z} = Z\angle\theta$,其中 Z 表示阻抗大小,θ 則是表示電壓對電流的相位角度。

如此一來,功率的形式也有所不同。**具有電抗成份之交流負載功率形式則可分為視在功率、虛功率、實功率三種**。視在功率(S)代表電源功率、虛功率(Q)代表電抗功率、實功率(P)代表電阻消耗的功率,其三者的關係如下:

視在功率 $\quad S = V \times I = \sqrt{P^2 + Q^2}$

實功率 $\quad P = S\cos\theta$

虛功率 $\quad Q = S\sin\theta$

其中,$\cos\theta$ 代表真實輸出功率與電源功率的比值,稱為**功率因數**(Power factor, PF)。

要測量交流負載功率值,可使用數位功率表直接測量。如圖 5-1(a) 為茂迪 MOTECH MT1010 電力諧波分析儀,除了測量交流負載產生的交流諧波及突波成分,同時提供交流電壓、電流、頻率以及視在功率、實功率、虛功率、功率因數、相移角等測量功能。另外如圖 5-1(b) 所示泰仕電子 TES-3060 數位夾式功率表也同樣是提供有效功率、視在功率及功率因數的測量。

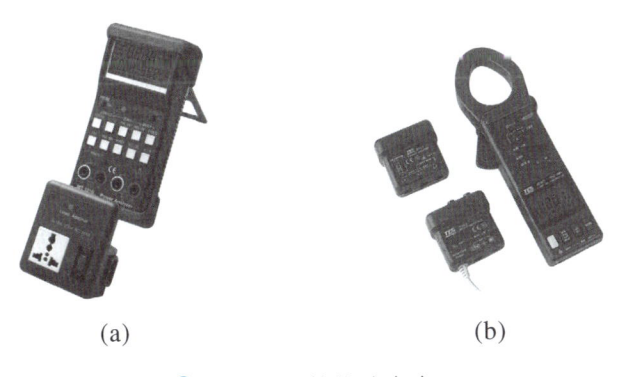

(a)   (b)

▲ 圖 5-1　數位功率表

以測量單相功率為例,將待測元件及測試端點如圖 5-2 連接,即可在儀表上直接讀取功率數值,如圖 5-2 所示。

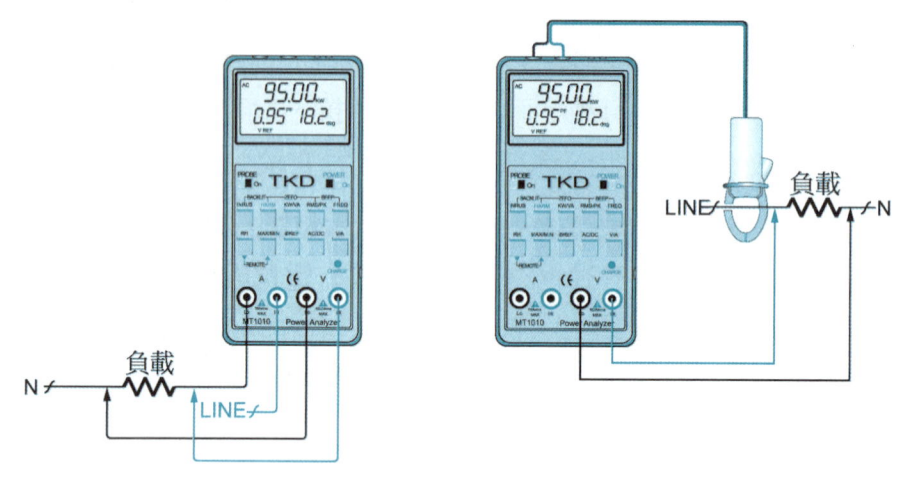

▲ 圖 5-2　單相功率測量接線圖

5-2-3 瓦特表測量法

測量交流功率可以使用瓦特表,如圖 5-3 為一動圈式瓦特表的基本結構,由兩個線圈產生的磁力驅動中央的可動線圈,如此產生的轉矩與電流平方成正比 $T = k \times I^2$。量測電路如圖 5-4 所示,其中一個線圈 L_2 與電路並聯,負責控制指針的偏轉,稱為電位線圈(V_1、V_2);另一個線圈 L_1 與電路串聯,產生控制磁場,稱為電流線圈(C_1、C_2)。電流線圈之磁場與負載電流成正比,電位線圈之磁場與負載電壓成正比,因此**轉矩即與負載電壓與電流的乘積(功率)成正比** $T = k \times V \times I$。

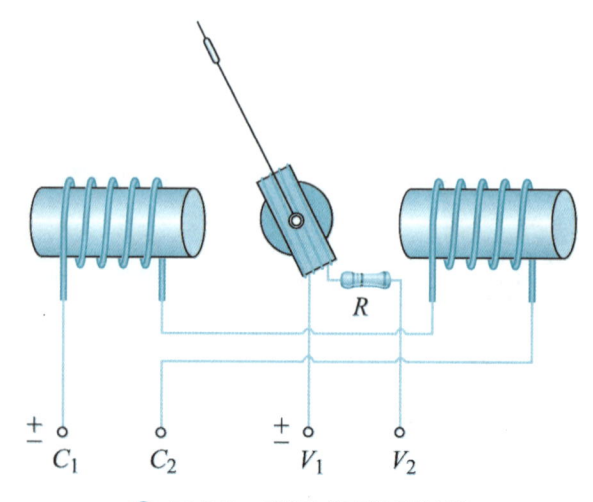

▲ 圖 5-3　動圈式瓦特表結構

▲ 圖 5-4　瓦特表測量接線

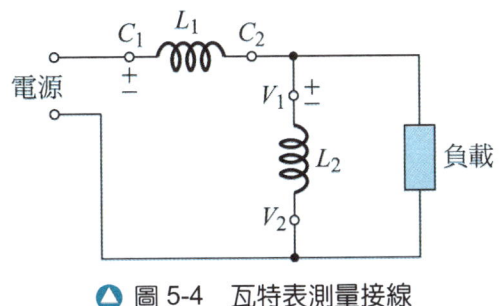

電流線圈與電路串聯,其電阻值較小,通常都是使用較粗線徑的導線製成;電位線圈與電路並聯,因此電阻值較大,使用較細導線繞製,並與一高阻值電阻串聯,以避免測量誤差。但若測量功率較低,電流線圈與電位線圈本身消耗功率亦會造成一定的影響。因此,為了補償瓦特表可能的誤差,測量負載功率前可先將瓦特表電流及電壓線圈串聯,測量出瓦特表本身消耗的功率,再將測量結果消去瓦特表的功率,以得到較精確的數值。

5-2-4　三安培測量法

圖 5-5 為三安培計交流功率測量電路。設安培計 A_1、A_2、A_3 之讀數分別為 I_1、I_2、I_3,負載兩端電壓為 E,若電路負載為電感性,則負載電流 I_3 落後負載電壓 E,I_2 與 E 同相位,電路電流等於電阻電流與負載電流相加（$I_1 = I_2 + I_3$）。

由測量結果　可得功率　$P = \dfrac{R}{2}(I_1^2 - I_2^2 - I_3^2)$,

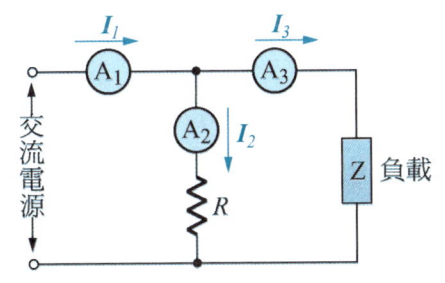

功率因數　$\text{PF} = \dfrac{1}{2I_2 I_3}(I_1^2 - I_2^2 - I_3^2)$。

▲ 圖 5-5　三安培計交流功率測量電路

例題 7

試證三安培表測量交流功率 $P = \dfrac{R}{2}(I_1^2 - I_2^2 - I_3^2)$。

解 (1) 設交流負載為電感性則 I_3 落後 E 相角 θ

　　I_2 與 E 同相位，又 $I_1 = I_2 + I_3$，其相位關係如右圖。

(2) 由底線三角形可推知

$$I_1^2 = (I_3 + I_2\cos\theta)^2 + (I_2\sin\theta)^2$$
$$= I_3^2 + I_2^2(\cos^2\theta + \sin^2\theta) + 2I_3 I_2 \cos\theta$$

若不計電表內阻，

則 $I_2 = \dfrac{E}{R}$ 代入　　$I_1^2 = I_3^2 + I_2^2 + 2I_3 \dfrac{E}{R}\cos\theta$

∴ 負載功率 $P = I_3 \cdot E\cos\theta$　　$I_1^2 = I_3^2 + I_2^2 + \dfrac{2P}{R}$

$P = \dfrac{R}{2}(I_1^2 - I_2^2 - I_3^2)$

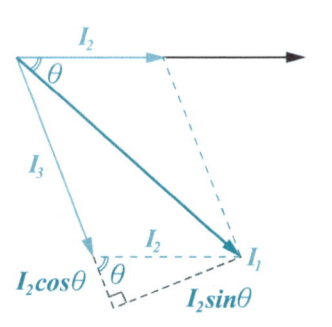

使用三安培計測量時，選擇 R 值必須遠大於 Z 值，以避免負載效應。

5-2-5 dBm 值量測

dBm 為使用對數的比值單位。dBm 採用 600Ω 電阻上產生 1mW 功率為基準值。

$$dBm = 10\log\left(\dfrac{P_o}{1mW}\right)$$

此時 600Ω 電阻電壓約為 0.775V：

$$dBm = 20\log\left(\dfrac{V_o}{0.775V}\right) + 10\log\left(\dfrac{600\Omega}{R_o}\right)$$

測量 dBm 可直接使用三用電表 ACV 10V 檔位，以交流電 0.775V 為 0dBm。

例題 8

如右圖之測量結果,試求測量電壓 dBm 值?

解 指針指示 18dB 位置,加一位預估值。
測量值為 18.0dB。

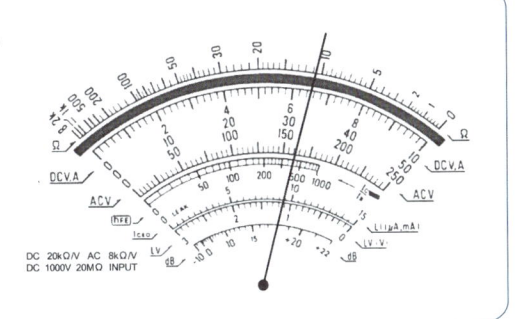

由於三用電表的 dBm 刻度是根據 ACV 10V 檔位標定,因此使用其他交流電壓檔位時必須加上校正值。若測量的負載電阻值不等於 600Ω,也應加以校正。

例題 9

使用三用電表 ACV 50V 檔位,測量放大器 60Ω 負載電阻上 dBm 值,指示 10dBm,試求實際之 dBm 值?

解 50V 刻度為 10V 刻度 5 倍

實際值 = 讀數 + 檔位差數 + 負載差數

$$dB = 20\log\left[\frac{V_o \times \frac{50}{10}}{0.775}\right] + 10\log\left[\frac{600\Omega}{60\Omega}\right]$$

$$= 20\log\left[\frac{V_o}{0.775}\right] + 20\log 5 + 10\log 10 = 10 + 14 + 10 = 34\text{dBm}。$$

隨堂練習

1. 交流波形產生功率的電壓值稱為_____。
2. 具有電抗成份之交流負載功率形式則可分為_____、_____、_____三種。
3. 電源功率與真實輸出功率的比值，稱為_____。
4. 測量功率的儀表一般均需同時測量負載的電壓及電流值，像是瓦特表就具有並聯的_____圈及串聯的_____圈。
5. dBm 採用 600Ω 電阻上產生_____W 功率為基準值，此時電阻上的電壓值約為_____V。
6. 正弦波交流電路輸出接到 100Ω 負載電阻，使用三用電表測得輸出電壓為 50V，則負載功率應為_____。
7. 使用示波器測量電路 1kΩ 電阻波形，顯示一峰對峰值 30mV 的三角波，則 1kΩ 電阻功率應為_____。
8. 某電動機輸出實際功率 0.5kW，電源側測得電源電壓有效值為 100V，電流有效值 10A，則電動機功率因數應為_____。

5-3 高頻功率測量

　　一般高頻電路功率測量多採用實量測定的方式，利用功率產生的熱量來測量。如圖 5-6 所示為一量熱計式（Calorimeter-type）功率表之基本結構，由測量電阻產生的熱量來推知輸入信號的功率。但是這樣的測量方式，必須控制量測的環境條件，否則很容易因為熱量散失產生量測的誤差。

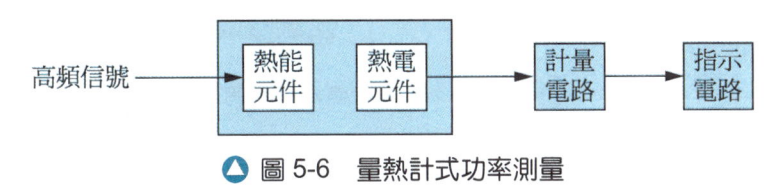

▲ 圖 5-6　量熱計式功率測量

　　測量熱量變化可以利用熱電偶（Thermocouple）。熱電偶的結構如圖 5-7，主要工作的原理是將兩種不同金屬結合，當結合兩端有溫度差，即會產生與溫度差成正比的電壓。如果將高頻信號加到電阻上產生熱量，再藉由熱電偶將溫度的變化轉換成電壓，由於功率愈大產生的熱量愈大，造成溫度上昇；而溫度上昇使得熱電偶輸出電壓上昇，因此只要測量電壓大小就可以得知固定比例的功率大小。

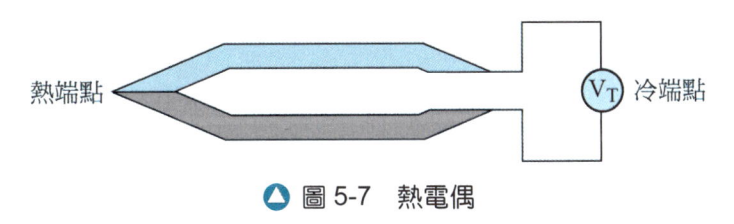

▲ 圖 5-7　熱電偶

　　圖 5-8 則是輻射熱計（Bolometer）測量微波信號功率的基本電路結構。其工作基本原理是利用置於微波功率範圍內的電阻，接收到微波信號能量後產生溫度變化，再藉由電阻本身電阻量隨溫度變化的特性，以電橋電路測定與微波功率成一定比例的電阻變動量，再經數值校正後就能得到功率指示值。

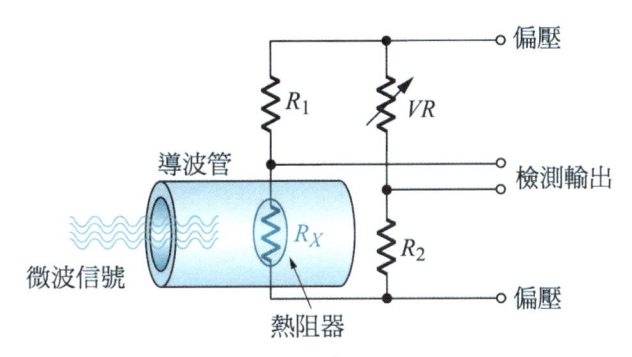

▲ 圖 5-8　輻射熱計測量微波功率電路結構

▪ 電子儀表量測

　　圖 5-9 為 DIAWA DP830 數位式高頻瓦特表。具有兩組感測器，分別測量 1.8M ～ 150MHz、140M ～ 525MHz 高頻信號功率。信號經由同軸電纜線接到背面接頭，即可在面板上讀得測量功率值。

▲ 圖 5-9　數位式高頻瓦特表

隨堂練習

1. 一般高頻電路功率測量多採用_____的方式，利用功率產生的熱量來測量。

2. 熱電偶輸出電壓大小與_____成正比。

5-4 能量測量

一般測量電能量都是使用瓦時計，家裡常見到計算電費使用的電度表就是瓦時計，如圖 5-10 為大同公司 1-18NT 110V/60Hz/10A 瓦時計。瓦時計為積算儀表，其指示值即為一定時間之內使用電能的量，電力公司則是依照使用電能的多寡來收取電費。電能使用的單位為度，1 度等於 1 仟瓦 - 小時（kW-hr）。

▲ 圖 5-10　瓦時計

圖 5-11 為瓦時計的結構，由一電壓線圈、電流線圈、積算轉盤以及永久磁鐵組成。與之前瓦特計的原理相同，電壓線圈與負載並聯；電流線圈與負載串聯，則其產生的磁場為兩者乘積，即與負載功率成比例。由於電壓線圈及電流線圈產生的磁場在金屬材質的積算轉盤上產生渦流，再切割永久磁鐵的固定磁場使得積算轉盤受力而旋轉，帶動計數器齒輪便能累計出一定的數值。**當功率愈大，線圈磁場愈強，渦流使得轉盤的旋轉速度加快，則計數器速度愈快**，累計數值也隨之增加。如果觀察家中電度表可發現，用電量愈大的時候，轉盤的速度是愈快的。

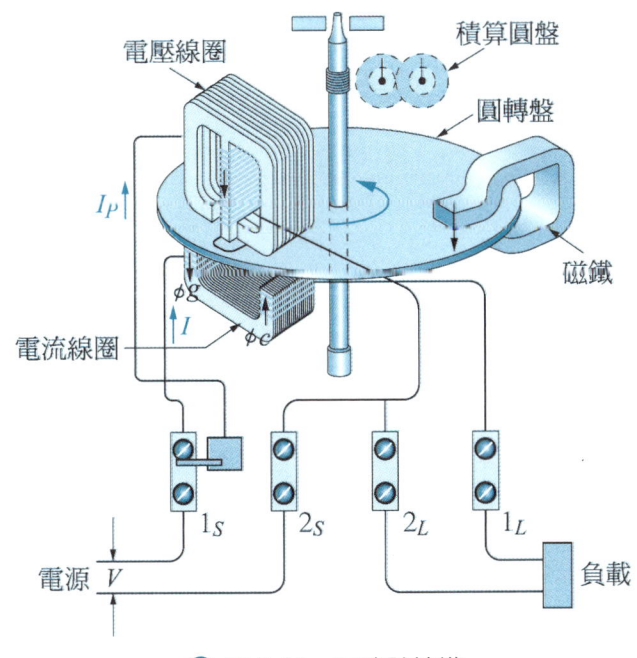

▲ 圖 5-11　瓦時計結構

隨堂練習

1. 瓦時計累積計算固定時間產生的功率值，為_____儀表。
2. 瓦時計計量的單位為_____，等於 1 仟瓦 - 小時（kW-hr）。

重點掃描

1. 直流功率一般使用電壓、電流值推算，$P = V \times I$。
2. 同時測量電路元件電壓、電流時注意電壓表或電流表內阻產生的負載效應。
3. 交流波形產生功率的電壓值為有效值。
4. 含有電抗成分交流負載功率可分為視在功率（S）、虛功率（Q）、實功率（P）。
5. 一般所稱交流功率指的是實功率（有效功率）。
6. 功率因數（PF）代表電源功率與真實輸出功率的比值，$PF = \cos\theta$（θ為電源電壓與電流的相位角）。
7. 測量功率可使用瓦特計或數位功率表。
8. 測量功率儀表通常同時具有測量電壓及電流的功能。
9. 瓦特表同時由電壓線圈和電流線圈驅動指針，其中電壓圈與待測負載並聯；電流圈與負載串聯。
10. 三安培計法測量交流功率，$P = \dfrac{R}{2}(I_1^2 - I_2^2 - I_3^2)$，功率因數 $PF = \dfrac{1}{2I_2 I_3}(I_1^2 - I_2^2 - I_3^2)$
11. dBm 定義為 600Ω 電阻上產生 1mW 功率為 0dBm。
12. 0dBm 電壓等於 0.775V。
13. 使用三用電表可直接測量負載 dB 值 (dBm)。
14. 三用電表的 dBm 刻度是根據 ACV 10V 檔位標定，使用其他交流電壓檔位時必須加上校正值。測量的負載電阻值不等於 600Ω，也應加以校正。
15. 高頻功率測量多採用測量信號產生熱量的方式。
16. 熱電偶（Thermocouple）輸出電壓與接點間溫度差成正比。
17. 電能量的測量可使用瓦時計，即是常見的電費電表。
18. 瓦時計為積算儀表。

課後習題 5

選擇題

( ) 1. 下列何者為功率單位　(A) J·s　(B) J/s　(C) V/A　(D) V·s。

( ) 2. 測量電阻兩端電壓為 12V，電阻電流為 5mA，則此電阻消耗功率應為　(A)24　(B)50　(C)60　(D)120　mW。

( ) 3. 同上題之功率測量方法稱為？
(A) 直接測量　(B) 間接測量　(C) 比較測量　(D) 間接測量。

( ) 4. 發光二極體工作電壓約為 1.5V，已知其最大功率為 0.75W，若要測量此二極體工作電流，最好選擇由哪個檔位開始測量？
(A)10mA　(B)25mA　(C)250mA　(D)0.5A。

( ) 5. 測量 2kΩ±5% 電阻，電流為 0.5mA±10%，試求其功率誤差值？
(A)0.125　(B)0.025　(C)0.075　(D)0.005　mW。

( ) 6. 使用示波器觀測 1kΩ 電阻波形，得一 6V 峰值正弦波，試計算電阻上功率值　(A)18　(B)21　(C)24　(D)36　mW。

( ) 7. 一工作週期 40%，峰值 10V 方波，加到 1kΩ 電阻上，試求產生功率為　(A)40　(B)32　(C)26　(D)12　mW。

( ) 8. 同樣週期與波幅的對稱方波、三角波、正弦波，哪個功率較大？
(A) 方波　(B) 三角波　(C) 正弦波　(D) 功率相同。

( ) 9. 相同電源功率之交流負載，功率因數愈大，則實功率
(A) 愈大　　　　　　　　(B) 愈小
(C) 視電路特性而定　　　(D) 與功率因數無關。

( ) 10. 電感、電容等電抗元件在交流電路中產生的功率稱為？
(A) 實功率　(B) 儲存功率　(C) 交換功率　(D) 虛功率。

( ) 11. 某交流電動機額定電壓 100V，輸出功率 500W，若測量其輸入電流量為 10A，試求其功率因數為
(A)1　(B)0.868　(C)0.707　(D)0.5。

( ) 12. 測量交直流功率儀表通常必須同時測量
(A) 電壓、電流　　(B) 電流、相位
(C) 電壓、相位　　(D) 相位、阻抗。

( ) 13. 下列何者不適用於交流功率量測？
(A) 交流功率表　　(B) 數位夾式電表
(C) 電力分析儀　　(D) 瓦時計。

( ) 14. 交流功率表具有兩個線圈，其中與待測負載串聯者稱為？
(A) 電位圈　(B) 電流圈　(C) 動圈　(D) 定圈。

( ) 15. 0dBm 表示在 600Ω 電阻上消耗
(A)1W　(B)1mW　(C)0.775W　(D)0.775mW　功率。

( ) 16. 使用三用電表 AC10V 檔位測量 60Ω 負載電阻，讀數為 10，試求此負載上功率值應為
(A)1　(B)10　(C)100　(D)125　mW。

( ) 17. 使用三用電表 AC50V 檔位測量 dB 值，若讀數為 12，則真實的 dB 值應為　(A)26　(B)24　(C)18　(D)16。

( ) 18. 下列何者不能做高頻功率測量？
(A) 動圈式功率表　　(B) 輻射熱式功率表
(C) 量熱計式功率表　　(D) 吸收式功率表。

( ) 19. 測量電能常用
(A) 瓦時計　(B) 功率表　(C) 電壓表　(D) 數位功率表。

( ) 20. 瓦時計使用的單位為
(A)W　(B)W・s　(C)J・s　(D)kW・hr。

問答題

1. 參考例題 4,設計一量測二極體功率的電路,並說明其如何求得二極體功率。
2. 試說明電阻、電感與電容三者電功率大小與頻率的關係?
3. 交流輸入功率為視在功率,輸出功率為實功率,試說明功率因數與交流負載效率的關係?
4. 證明 0dBm 參考電壓 0.775V?若測量的負載電阻值不是 600Ω,說明測量值應如何修正?
5. 試討論為何高頻功率須採熱量測定的方式測量?

6 半導體測量

6-1　二極體測定

6-2　電晶體測定

6-3　其他半導體

6-1 二極體測定

二極體（Diode）為 PN 接面半導體元件，具有單向導通特性。本章除介紹二極體極性判別之外，亦針對一般二極體較常應用的參數測量，包含靜態特性、動態特性的測量做簡單說明。

6-1-1 二極體極性判別

二極體的極性判別可以使用三用電表或是數位複用表的歐姆檔。如圖 6-1 所示，使用三用電表測量二極體時，將撥盤撥至歐姆檔（$R \times 10$）檔，記得先做好零歐姆調整，再以紅、黑兩測試棒同時接觸二極體的兩端，若導通則紅棒接觸端（電池負極）為二極體 N 極；黑棒接觸端（電池正極）為二極體 P 極，不導通時則交換紅、黑測試棒再做測量。但若交換測試棒後仍無法導通，或是兩次交換測試棒測量均導通，則表示二極體沒有單向導通特性，非良品不能使用，二極體順向導通時測量之順向電阻值應為數百歐姆。

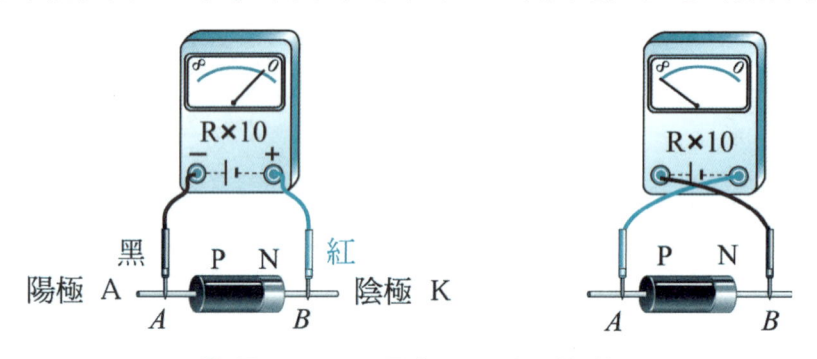

▲ 圖 6-1 三用電表測量二極體極性

目前有許多複用電表，包括數位式及指針式，具有二極體測試專用檔位，測量時亦可使用專用檔位測量，操作方法與上述歐姆表的判別法相同。

6-1-2 二極體靜態特性測量

所謂靜態特性,是指工作在固定電壓電流條件時的元件特性,二極體的靜態特性參數包括順向壓降、靜態電阻、逆向漏電流等。

二極體順向導通時兩端電壓稱為順向壓降。常用二極體是由矽、鍺半導體製成,矽質二極體順向壓降約為 0.6～0.7V,鍺質二極體順向壓降約為 0.2～0.4V。測量二極體順向壓降電路如圖 6-2 所示,將二極體接順向偏壓,調整輸入直流電源,當直流電流表偏轉至工作點電流時代表二極體順向導通,此時電壓表上的讀數即為工作點順向壓降 V_D,電流表讀數表示其順向電流 I_D,順向電阻則為 $R_D = \dfrac{V_D}{I_D}$。

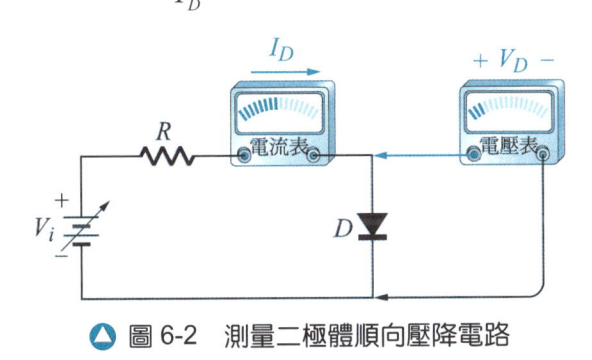

▲ 圖 6-2 測量二極體順向壓降電路

使用三用電表測量二極體順向電阻時,撥到歐姆檔位,讀取 LV(負載電壓)及 LI(負載電流)讀數,此時 $V_D = LV$、$I_D = LI$,二極體電阻即為 $R_D = \dfrac{LV}{LI}$。

LV 最大刻度為 3V,若使用 $R \times 10k$ 檔位測量,因為 $R \times 10k$ 檔位電源電壓 12V,與刻度不合。LI 最大刻度為 15,表示最大負載電流為電池電源除以歐姆檔內阻。以 $R \times 10$ 檔為例,LI 最大值為測量端短路,$LI_{max} = \dfrac{3V}{20 \times 10\Omega} = 15\text{mA}$,滿刻度為 15mA。

6-1-3　二極體逆向漏電流測試

理想二極體逆向偏壓時為開路特性，電流為 0。但實際上少數載子會產生逆向漏電流，而使得二極體的逆向開路特性受到影響。二極體逆向測試電路如圖 6-3 所示，二極體加適當逆向偏壓，電流表即可測量出逆向電流值。

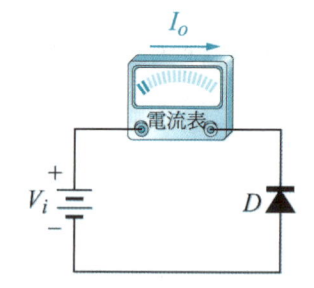

▲ 圖 6-3　二極體逆向漏電流測試

一般二極體之逆向漏電流非常小，測量時必須使用靈敏度較高的電流表，且逆向漏電流大小與逆向偏壓無關，但與溫度成正比。測試時可以用烙鐵或熱風槍對二極體加熱，同時觀測逆向漏電流增加的情形。

6-1-4　二極體動態測試

二極體工作在整流電路時，二極體偏壓隨輸入交流電源而變動，此時二極體的工作特性與固定偏壓之靜態特性不同。由於二極體電壓電流值隨時間持續改變，因此動態特性必須由電壓電流關係來測量。要測量元件的動態特性，可利用示波器 X-Y 觀測的方式，將電壓變量輸入水平（X）軸；電流變量同時輸入垂直（Y）軸，就可以在示波器上得到元件動態特性曲線。

圖 6-4 為測量二極體動態曲線電路，水平輸入（X，CH1）接到二極體兩端測量電壓（V_D）；由於示波器不能直接觀測電流，因此串聯電阻（R）將二極體電流轉換為電壓，再將垂直輸入（Y，CH2）接到電阻兩端測量電流量（$I_D \times R$）。

測量時首先做歸零，將 X、Y 輸入信號接地（耦合開關撥到 GND），此時螢幕應出現單一亮點。再調整 X、Y 信號的垂直位置鈕（X-POS）置亮點於螢幕刻度中央（原點）。接著將 X、Y 輸入耦合開關撥到 DC 檔位，調整垂直刻度大小，以得到適當的觀測圖形。另外要注意的是，由於雙跡示波器 X、Y 輸入端共同一個接地點，因此觀測到電阻 R 上的電壓為正負反向，必須按下 X 輸入的 INV（反相）按鍵，才能觀測到如圖 6-5 正確的二極體特性曲線。

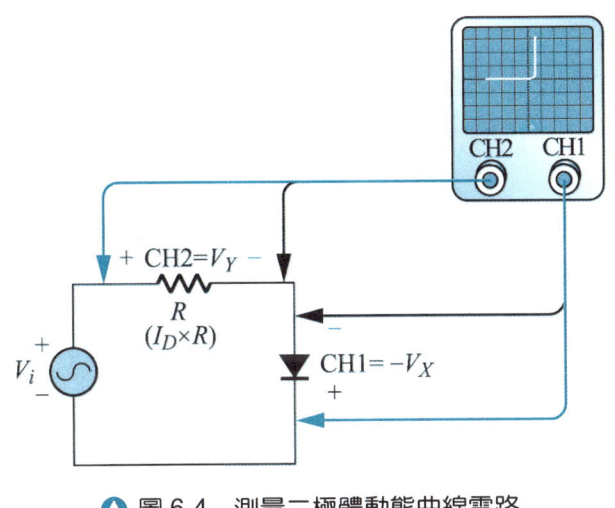

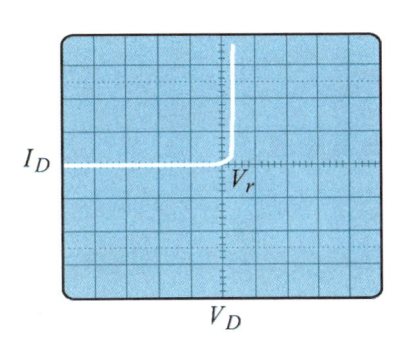

▲ 圖 6-4　測量二極體動態曲線電路　　　　▲ 圖 6-5　二極體特性曲線

6-1-5　二極體恢復時間測試

　　電子元件的時間特性為設計電路時使用的重要特性之一，代表元件截止、導通動作反應速度快慢，而反應速度愈快，表示元件有效的工作頻率愈高。二極體的時間特性以恢復時間的測試較為重要，表示二極體逆向的暫態反應時間。

　　圖 6-6 為二極體恢復時間測試電路，二極體由 R 提供順向偏壓，同時在 R_L 上產生電壓輸出。測試時輸入一負脈波，使二極體轉為逆向偏壓。此時，輸出端可觀測到二極體由截止回復導通的暫態變化，如圖 6-7 為觀測到二極體恢復時間圖形。

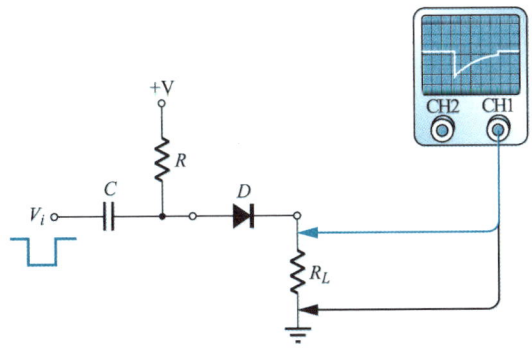

▲ 圖 6-6　二極體恢復時間測試電路　　　　▲ 圖 6-7　二極體恢復時間觀測

調整 R 數值可以改變二極體順向電流，順向電流大小可由電流表直接測量，再觀測二體極恢復時間的變化，可發現二極體的恢復時間與順向電流大小有關，順向電流愈大，接面電容儲存電荷量愈高，恢復時間也愈長。

隨堂練習

1. 二極體具有單向導通特性，使用三用電表歐姆檔測量，若指計偏轉，黑棒接的應該是_____極；紅棒端為_____極。
2. 三用電表測量二極體靜態電阻時使用_____、_____兩個讀數。
3. 二極體動態特性觀測，應使用示波器之_____功能。

6-2 電晶體測定

電晶體（Transistor）為雙接面半導體元件，依接面型態可分為 PNP 型及 NPN 型兩種。電晶體的重要測定包含接腳極性的判別、漏電流測量、增益測量、動態特性測試與開關時間測量等。

6-2-1 電晶體接腳與極性判別

電晶體接腳測試可使用三用電表歐姆檔。如圖 6-8(a) 所示，三用電表歐姆檔撥到 $R\times 10$ 檔位，由於電晶體 EB 兩端及 CB 兩端皆為 PN 接面特性，因此將電晶體三隻接腳交互測量，當其中一隻接腳與其餘兩接腳測量都能導通，即為 B 接腳。判別 B 接腳電壓極性就能判別電晶體的極性，使用日製或台製三用電表，黑棒為電池正極、紅棒為電池負極，若 B 腳接黑棒表示正電壓導通，B 極為 P 極，電晶體為 NPN 型；反之接紅棒導通，表示 PNP 型。要注意的是，一般數位式三用電表及美製電表紅棒才是電池正極，測量結果正好相反。

接著用手指接觸 B 腳及其餘任一隻接腳 C，以手指代替偏壓電阻，如圖 6-8(b) 所示，依電晶體型式在未知接腳接上偏壓。以 NPN 為例，正常偏壓為 C 接正電壓（黑棒），另一隻未與 B 極相接的接腳設為 E 接負電壓（紅棒），觀測其偏轉量。再交換未知接腳，以同樣的方式測量，偏轉量大表示放大電流較大，為正確的接腳型式。

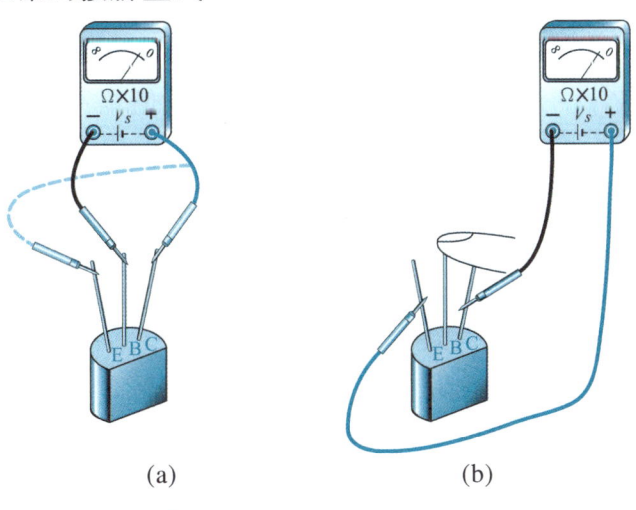

(a)　　　　　　(b)

▲ 圖 6-8　電晶體接腳測定

6-2-2 電晶體漏電流測量

電晶體電流受到逆向漏電流的影響很大,因此漏電流值為電晶體的重要參數之一。漏電流為逆向偏壓產生的少數載子電流,與溫度成正比,最主要的是逆向漏電流的方向與輸出的多數載子電流是同向,以 CE 式放大結構為例:$I_C = \beta I_B + (1+\beta)I_{CO}$,使得輸出電流受到溫度的影響,熱穩定度不佳,成為電晶體的一大缺點。

測量電晶體漏電流與二極體原理相同,如圖 6-9 所示加上逆向偏壓,直接以電流表測量。

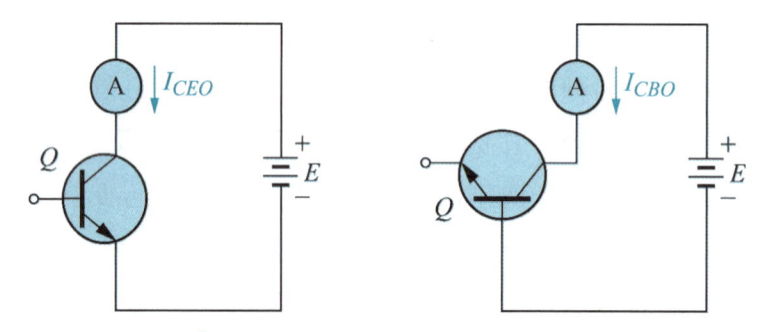

▲ 圖 6-9 電晶體逆向漏電流測量

電晶體 CB、CC、CE 式三種放大組態中,依輸出電流的型式,漏電流分別為 I_{CBO}、I_{CEO}、I_{EBO},其中 $I_{CBO}(I_{CO})$ 與 I_{CEO} 的參數值較具參考作用,一般電晶體手冊中則僅登錄 I_{CBO},I_{CEO} 則可由 $\beta(h_{fe})$ 值計算:$I_{CEO} = (1+\beta)I_{CBO}$。

6-2-3 電晶體崩潰電壓測量

電晶體崩潰電壓表示電晶體耐壓程度。電晶體的電壓額定值包括有 V_{CBO}、V_{CEO}、V_{CES}、V_{CER}、V_{CEX} 等,其中以 V_{CBO} 值最高,V_{CEO} 值最低,規格手冊上亦同時登錄供做電路設計參考。V_{CBO} 代表電晶體 CB 組態輸入(E 極)開路時 CB 間最大工作電壓值;V_{CEO} 則是 CE 組態輸入(B 極)開路時 CE 間最大工作電壓值。

電晶體崩潰電壓測試電路如圖 6-10 所示，當電源電壓增加使得電流表讀數突增到達一定數值時（崩潰但未燒毀）時，電壓表的讀數即為電晶體的崩潰電壓值。

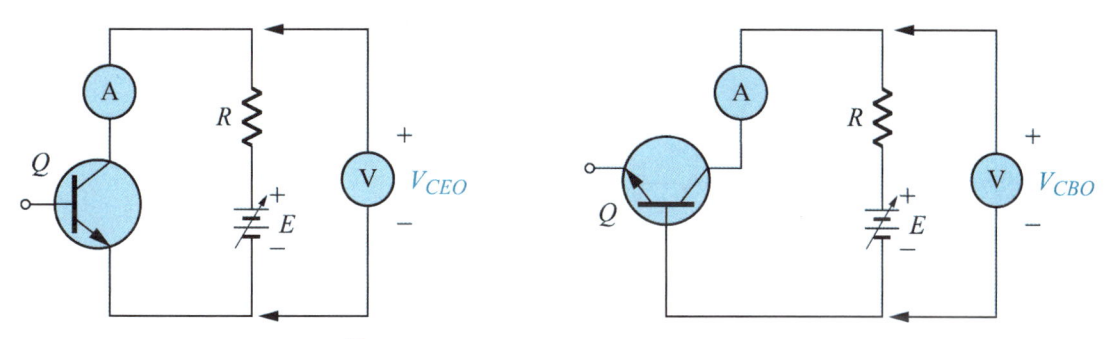

▲ 圖 6-10　電晶體崩潰電壓測試電路

6-2-4　增益測量

電晶體為電流控制型主動元件，正常工作時輸出電流為輸入電流定額放大，其定額之電流放大率（電流增益）為設計電晶體電路時必備的參數。電晶體依放大形態不同而有不同的電流增益，表 6-1 為不同放大形態電流增益的定義與關係。

▼ 表 6-1　電晶體各組態電流增益

組　態	增　益	關　係
CE	$\beta = \dfrac{I_C}{I_B}$	$\beta = \dfrac{\alpha}{1-\alpha}$
CB	$\alpha = \dfrac{I_C}{I_E}$	$\alpha = \dfrac{\beta}{1+\beta}$
CC	$\gamma = \dfrac{I_E}{I_B}$	$\gamma = 1+\beta$

三種電流增益中一般只使用 $\beta(h_{fe})$ 值，規格手冊中也只登錄 h_{fe} 值，因此僅就 h_{fe} 的測量舉例說明。圖 6-11 為測量電晶體 h_{fe} 值電路，電晶體偏壓電路必須調整使電晶體工作點位於工作區。若將 V_B 由零調高，BE 端偏壓亦隨之增加，當 V_{BE} 高於電晶體 BE 端之切入電壓（約 0.6V），同時應可測量到 I_B 與 I_C 同步增加，此時讀取 I_C 及 I_B 測量讀數，即可得到電流增益 h_{fe} 值：

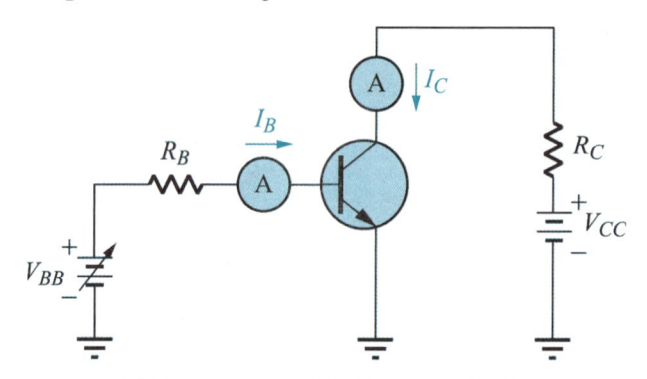

$h_{fe} = \dfrac{I_C}{I_B}$。若 I_C 增加到某一程度時電晶體進入飽和狀態 $I_{C(sat)} = \dfrac{V_{CC} - V_{CE(sat)}}{R_C}$，$V_{CE(sat)} \fallingdotseq 0.2\text{V}$，$I_B$ 持續增加時 I_C 值不再向上增加。

△ 圖 6-11　測量電晶體 h_{fe} 值電路

　　實用上可使用三用電表測量電晶體 h_{fe} 值。目前一般三用電表，不論是指針或數位式，大多具有 h_{fe} 測量功能。如圖 6-12 依電晶體 EBC 極插入電表測量插座，將三用表撥到 h_{fe} 測量檔位（$R \times 10$），就可以直接讀取 h_{fe} 值。

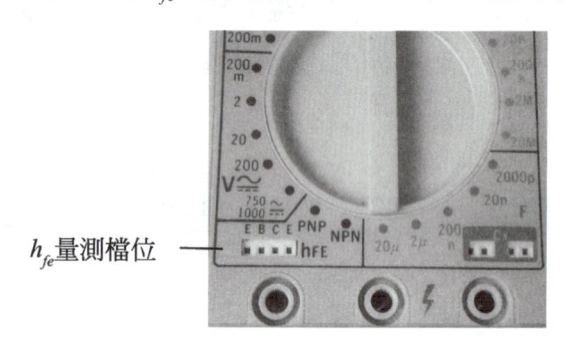

h_{fe}量測檔位

△ 圖 6-12　複用表測量 h_{fe} 插座

6-2-5 電晶體特性曲線測量

電晶體特性曲線的測量原理與二極體特性曲線相同。如圖 6-13 為電晶體輸出特性曲線測量電路，示波器 X 軸輸入接到電晶體 CE 兩端測量 V_{CE} 變化；Y 軸輸入接到電阻 R 兩端測量 I_C 變化（垂直輸入電壓 = $I_C \times R$）。電晶體電源由半波整流電壓提供做為掃描信號，調整 B 極偏壓即可在示波器上觀測到如圖 6-14 的特性曲線。

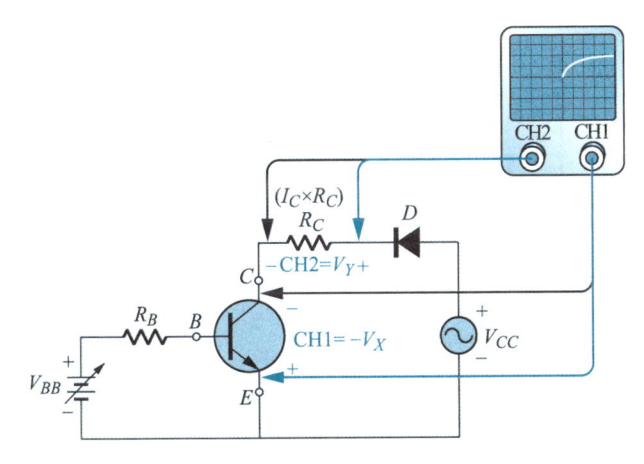

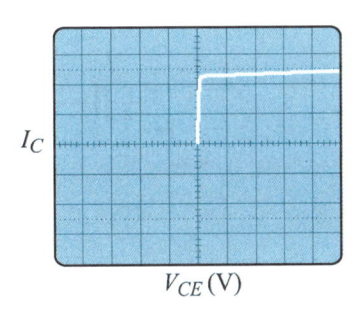

▲ 圖 6-13　電晶體輸出特性曲線測量電路　　▲ 圖 6-14　電晶體輸出特性曲線

若要同時觀測多條曲線，只要 B 極偏壓以階梯波取代，定值改變 I_B 就能掃描出多條曲線，或直接以曲線描繪儀連接上示波器，即可同時觀測到電晶體多條特性曲線。如圖 6-15 為 LADER LTC-901 Tr checker & tracer 電晶體測試與曲線描繪儀，可同時測量電晶體 h_{fe} 值及多項電壓電流特性。

▲ 圖 6-15　電晶體測試與曲線描繪儀

6-2-6 電晶體開關時間測量

由於輸入電容和載子累積等因素,電晶體的開關(ON-OFF)動作具有延遲現象,將脈波輸入電晶體可以觀測這種延遲現象。

如圖 6-16 電路,調整電路偏壓,將脈波輸入電晶體電路,以示波器同步觀測輸入脈波及電晶體輸出波形,可得到如圖 6-17 波形。

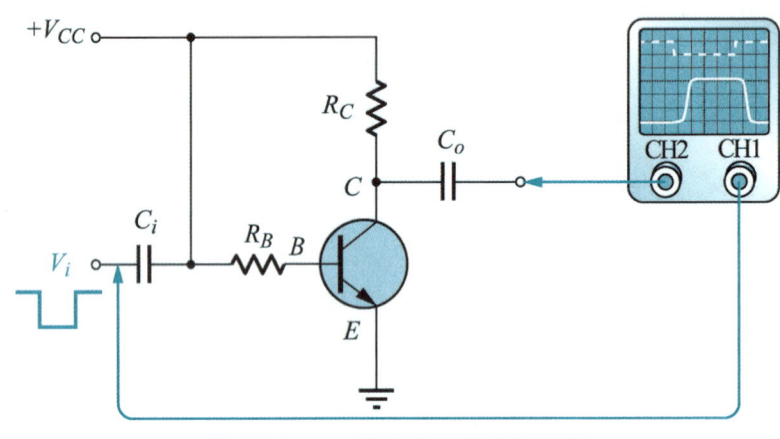

▲ 圖 6-16　電晶體開關時間測量

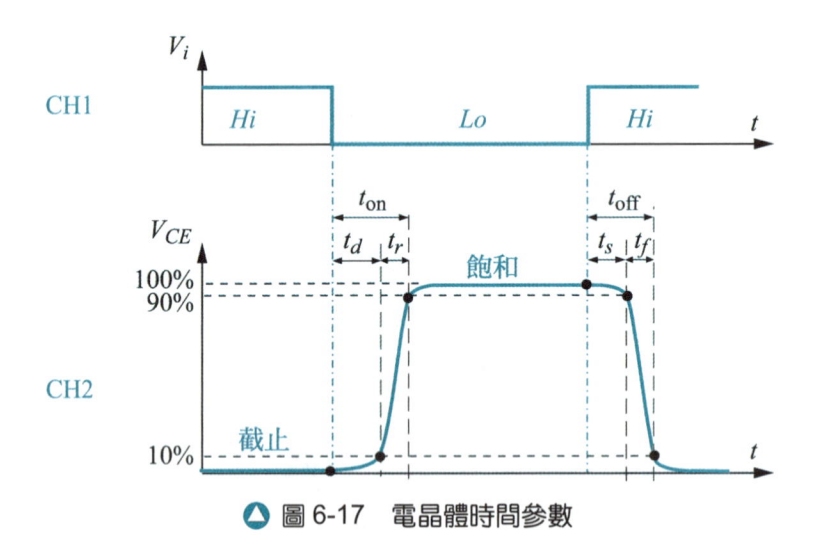

▲ 圖 6-17　電晶體時間參數

有關的參數定義說明如下：

1. 延遲時間 t_d：由輸入波形變成低準位（Lo）開始，到輸出波形上昇到 10% 最大振幅時間。

2. 上昇時間 t_r：由輸出波形上昇到 10% 最大振幅開始，到輸出波形上昇到 90% 最大振幅時間。

3. 儲存時間 t_s：由輸入波形變成高準位（Hi），到輸出波形下降到 90% 最大振幅時間。

4. 下降時間 t_f：由輸出波形下降到 90% 最大振幅開始，到輸出波形下降到 10% 最大振幅時間。

5. 開啟時間 t_{on}：$t_{on} = t_d + t_r$。

6. 關斷時間 t_{off}：$t_{off} = t_s + t_f$。

電晶體的開關時間很短（數 μs），觀測電晶體開關動作，脈波週期也不能太長，否則無法在示波器上同時觀測。同樣的，輸入脈波的波形上昇、下降時間及示波器的時間特性（$t_r = 0.35/BW$）也會影響到測量的結果。在電晶體規格中，常登錄的是對電晶體影響較大的 t_{on}、t_s 及 t_f 的數值。

隨堂練習

1. 判別電晶體接腳可以使用_____，同時可以測量電晶體極性。
2. 測量電晶體漏電流時，電晶體必須工作在_____偏壓。
3. 電晶體的 h_{fe} 值可以使用_____直接測量，若由測量電晶體電路 I_B、I_C，推算 h_{fe} 值，則電晶體不能工作在_____狀態。
4. 如圖 6-17 電晶體輸入波形下降到 90% 最大振幅開始，到輸出波形下降到 10% 最大振幅時間稱為_____。

6-3 其他半導體

電子電路常用元件除二極體及電晶體外，尚有許多重要的半導體元件。在此僅列舉稽納二極體（Zener Diode）、場效應電晶體（FET）以及單接面電晶體（UJT）與矽控整流體（SCR）等元件的測定方法為例，其餘相似特性元件的測定方法可依此做為參考。

6-3-1 稽納二極體

稽納二極體重要的參數包括稽納電壓（V_Z）、內阻大小（r_z）及最大額定功率。在此僅就稽納電壓及內阻的量測做說明。

圖 6-18 為簡單測量 V_Z 的電路，輸入電壓由 0 漸增。小心觀測電流表數值，當電流表指示值突然增加到一較大電流，並且當電流增加，電壓表兩端電壓並未同步增加時，電壓表的讀數即為稽納電壓 V_Z 值。

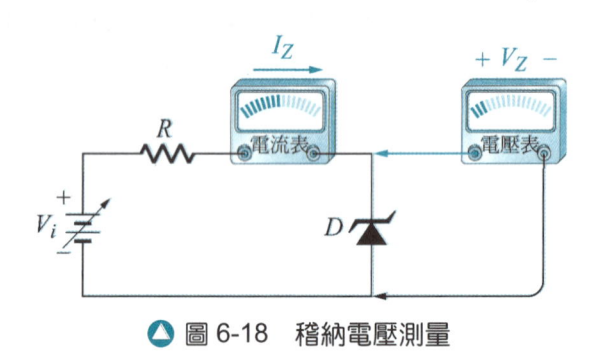

▲ 圖 6-18 稽納電壓測量

稽納內阻可由其特性曲線崩潰區的斜率求得。觀測特性曲線的方式如圖 6-19，使用示波器 $X-Y$ 觀測，水平端測量稽納電壓（V_Z）；垂直端測量稽納電流變化（$-I_Z\times R$），要注意的是同樣水平輸入要反相，再經適當調整即可在示波器上得到如圖 6-20(a) 的圖形。由於稽納工作於逆向偏壓，順向特性與一般二極體相同，逆向崩潰電壓 V_Z 通常比順向偏壓大很多，必須調整水平信號位置旋鈕，將原點移向右邊，再調整刻度放大崩潰區圖形，才能得到如圖 6-20(b) 的顯示結果，以便讀取垂直及水平測量值，即可求得稽納二極體崩潰內阻。

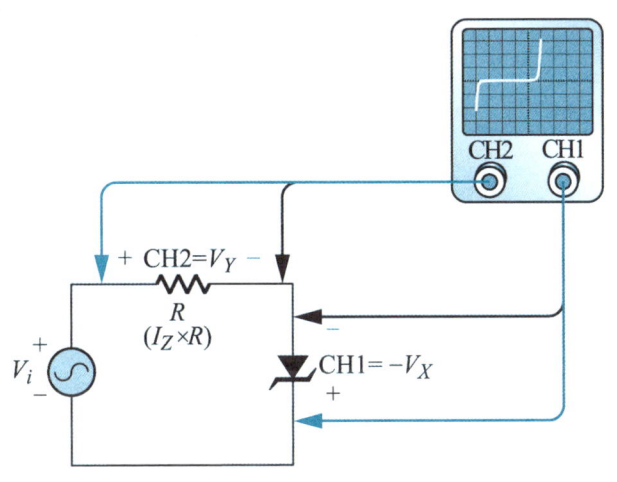

▲ 圖 6-19　稽納二極體動態測試電路

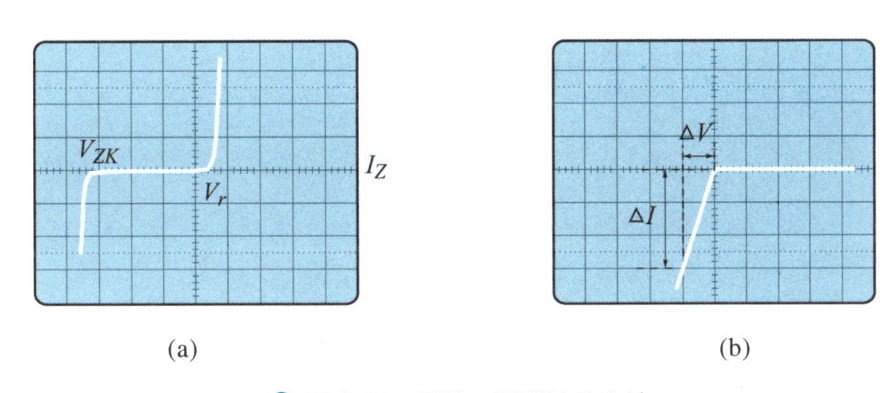

(a)　　　　　　　　　　　　(b)

▲ 圖 6-20　稽納二極體特性曲線

例題 1

如圖 6-20(b) 之觀測結果，電阻 $R = 10\Omega$，水平刻度 1V/DIV；垂直刻度 0.02V/DIV，試求稽納二極體崩潰後的直流等效模型？

解　$r_z = \dfrac{\Delta V}{\Delta I}$　$\Delta V = 1\text{DIV} \times 1\text{V/DIV} = 1\text{V}$　$\Delta I \times R = 3\text{DIV} \times 0.02\text{V/DIV} = 0.06\text{V}$

$\Delta I = \dfrac{0.06\text{V}}{10\Omega} = 6\text{mA}$　代入 $r_z = \dfrac{1\text{V}}{6\text{mA}} \simeq 166.7\Omega$。

稽納二極體理想內阻（崩潰後）為 0，此時可看成理想電壓源。但實際上含有內阻值，使得稽納電壓隨著稽納電流變動而變動，影響電壓調整率。

6-3-2　場效應電晶體

場效應電晶體（FET）具有單載子導通特性，較不受溫度影響，也是常用的主動元件之一。場效應電晶體的種類很多，有接面型 FET（J-FET）及金氧半型 FET（MOS-FET），MOSFET 又分為空乏型及增強型兩種，各類 FET 依通道導電極性不同又再分為 N 通道及 P 通道。在此以 N 通道 JFET 的測量為例。

JFET 參數最重要的是夾止電壓 V_P 及飽和電流 I_{DSS}。參考圖 6-21 之 N 通道 JFET 的特性曲線可知，I_{DSS} 為 V_{GS} 為 0 時輸出的定電流值；V_P 則是當 $I_{DS} = 0$ 時 V_{GS} 值。

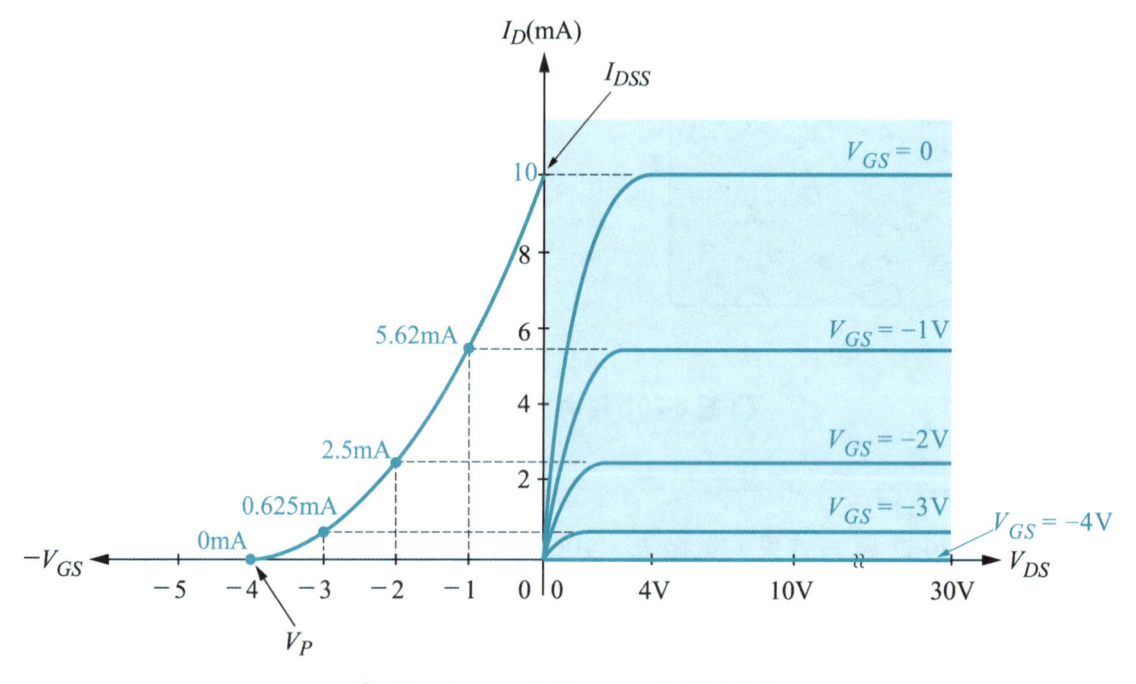

▲ 圖 6-21　N 通道 JFET 的特性曲線

測量 JFET 電路如圖 6-22 所示，將 GS 兩端短路，依通道極性加上偏壓（N 通道 V_{DS} 為正）。V_{DS} 電壓由 0 逐漸調昇，觀測電流表電流應隨之上昇到某一特定大小後不再隨電壓上昇而保持定值，此電流值即為 I_{DSS}。此時，將 GS 兩端加上一逆向偏壓 V_{GG}（N 通道 V_{GS} 為負），同樣 V_{GG} 大小由 0 逐漸調昇（V_{GS} 變小），觀測電流表電流應隨之下降，當電流表（I_{DS}）下降為 0，此時 V_{GG} 電壓即為夾止電壓 V_P。

▲ 圖 6-22　FET 測量電路

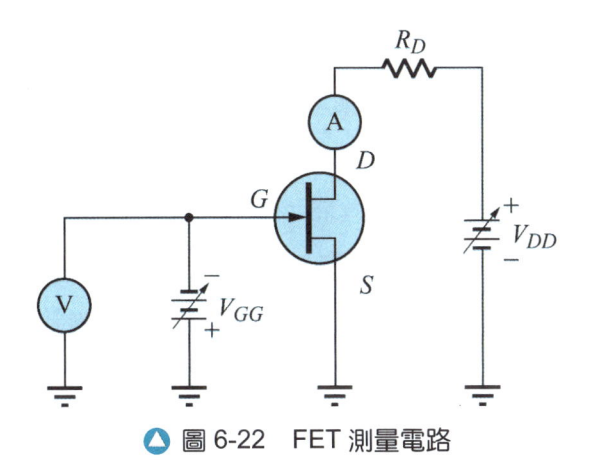

6-3-3　單接面電晶體

單接面電晶體 UJT 為一常用的振盪元件，主要的參數為本質駐立比 η。如圖 6-23 所示 UJT 之結構與特性，B_2 及 B_1 為一 N 型半導體結構，E 極與 B_1、B_2 之間具有 PN 接面特性。

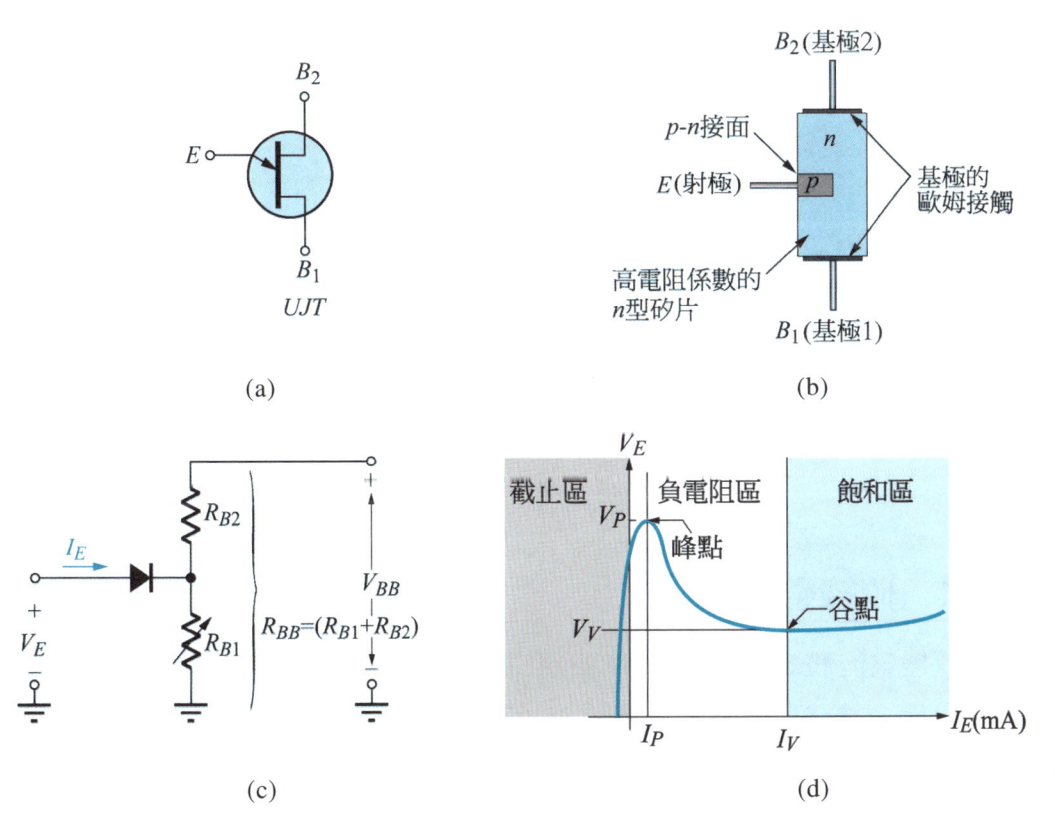

▲ 圖 6-23　UJT 之結構與特性

測量 UJT 可以使用歐姆表。測量方法如下：

1. B_2、B_1 間無極性，紅、黑棒兩端交替測量均導通，測得之電阻值為 $R_{BB} = R_{B1} + R_{B2}$。

2. 測量 E、B_2 間，應只有單向導通；同樣測量 E、B_1 間也是只有單向導通，此時黑棒（正電壓）應為 E。測量時記錄 E、B_2 之間電阻值約為 R_{B2}；E、B_1 間電阻約為 R_{B1}，由於在結構上 E 至 B_2 的距離較短，因而與 E 極導通電阻較低者為 B_2，另一隻接腳即為 B_1。

3. 本質駐立比可由 R_{B1} 與 R_{B2} 求得，$\eta = \dfrac{R_{B1}}{R_{B1} + R_{B2}}$。

另外可以利用實際的 UJT 基本振盪電路測量 η 值。如圖 6-24 所示，電源由 R_1 向 C_1 充電，這時二極體 D 導通，使得 C_2 上電壓與 UJT 上的 E 極電壓（V_E）相同。當 V_E 充到 UJT 導通電壓（V_P）時，觸發 UJT 負電阻特性，V_E 急速下降，使 D 逆向偏壓關斷，此時 C_2 上電壓應保持在導通電壓 V_P。測量 C_2 電壓（V_P）及電源電壓（V_{BB}），即可經計算得到 η 值：$V_P = \eta \; V_{BB} + V_D$，$V_D$ 為 E 與 B_1 間 PN 接面的切入電壓。

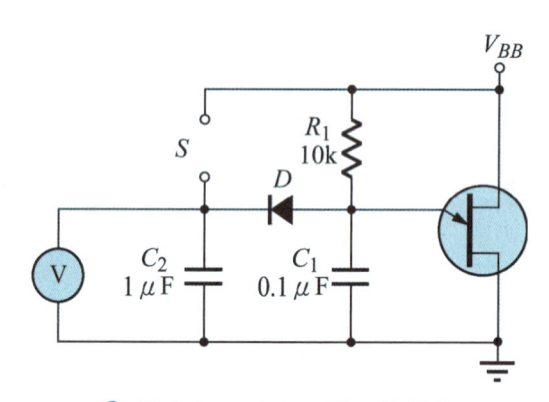

▲ 圖 6-24　UJT 測量 h 值電路

6-3-4　矽控整流體

矽控整流體 SCR 為 PNPN 四層三接面結構閘流體，為單向導電之功率控制元件，其結構及特性如圖 6-25 所示。其重要參數值很多，在此僅就閘極順向電壓（V_{GF}）、閘極順向電流（I_{GF}）、順向轉態電壓（V_B）、保持電流（I_H）等主要參數之測量加以說明。

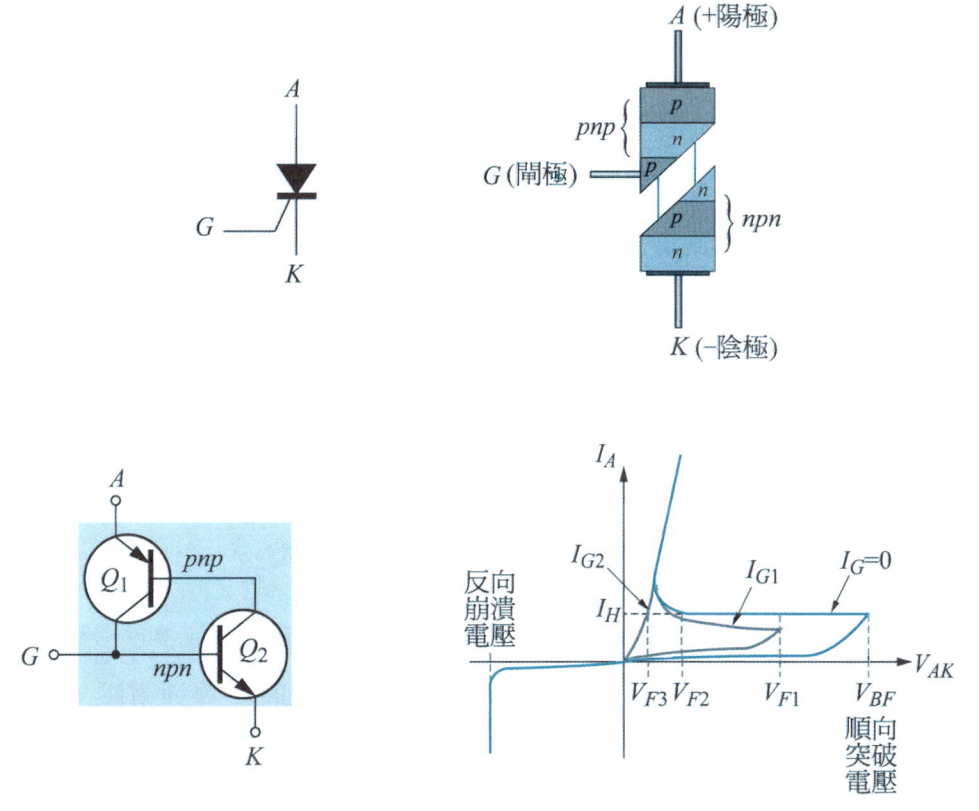

▲ 圖 6-25　SCR 結構與特性

V_{GF}、I_{GF} 為 SCR 閘極的順向電壓及電流值，其測量方式如圖 6-26 所示。閘極電壓 V_G 先設為 0V，適當調整 V_{GG} 值，然後 V_G 由 0 逐漸上昇，此時可觀測閘極電壓 V_{GF} 及電流 I_{GF} 的關係。注意觀測測量負載電流之電流表，當 V_G 上昇到負載電流突增，表示 SCR 被觸發，同時記錄此時電壓表及電流表的讀數即為觸發時所需閘極電壓 V_{GT} 及閘極電流 I_{GT}。

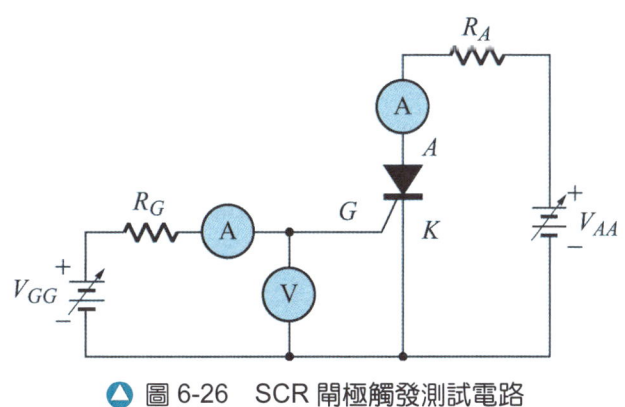

▲ 圖 6-26　SCR 閘極觸發測試電路

V_B 為 SCR 陽極（A）與陰極（K）間觸發所需的最小電壓值，測量電路如圖 6-27 所示。但測量 V_B 時先將 V 值調低，再調整 V_{GG} 固定 I_{GF} 之值，但不可讓 SCR 被觸發，此時再逐漸調昇電源 V 值直到 SCR 被觸發，觸發時之電源 V 值即為 V_B。

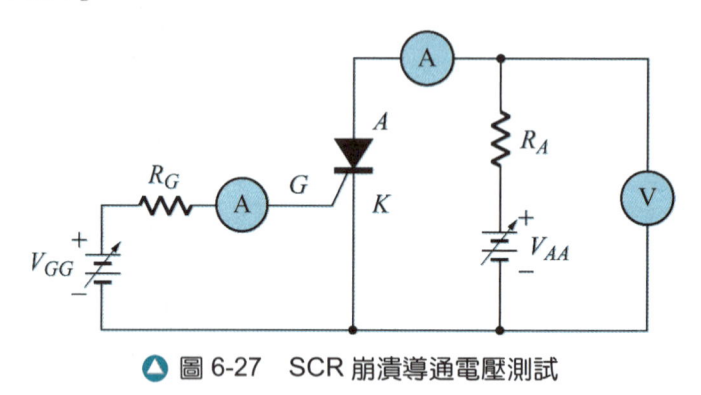

▲ 圖 6-27　SCR 崩潰導通電壓測試

V_B 之值與 I_{GF} 大小有關，當 I_{GF} 愈大 V_B 會隨之下降。若 I_{GF} 為 0 時的導通電壓為 V_{BO}，表示閘極開路（open）無觸發信號時之導通電壓，因此就算不加閘極觸發信號，當 $V_{AK} \geq V_{BO}$ 時 SCR 仍會自行導通。

I_H 為 SCR 順向導通時，A、K 端保持導通所需的最小電流值，其測量電路如圖 6-28，先將 SCR 觸發，之後增加負載電阻值，或是減少 V_{AA}，觀測 A、K 端電流（I_{AK}）應隨之下降。注意：當 I_{AK} 電流突然下降為 0，表示 SCR 截止，記錄突然下降前的電流讀數即為保持電流 I_H。

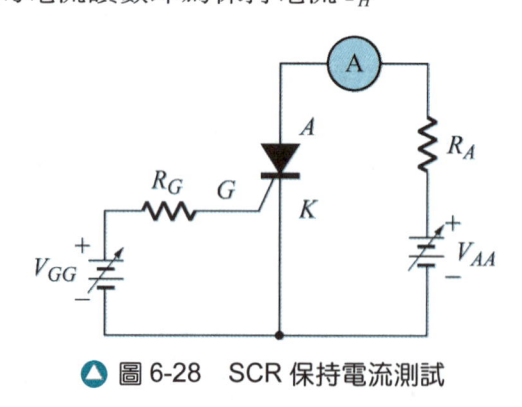

▲ 圖 6-28　SCR 保持電流測試

隨堂練習

1. 稽納二極體正常工作在_____偏壓，重要參數有_____、_____、_____。
2. 電晶體為雙載子元件，FET 為_____，溫度特性較佳。
3. 電晶體為電流控制元件，FET 輸出電流 I_{DS} 為輸入電壓_____函數，為_____控制元件。
4. UJT 為工業電子常用元件，重要參數為_____，依此計算其峰值電壓 V_P。
5. SCR 閘極開路時，陽極（A）、陰極（K）之間崩潰導通的順向偏壓稱為_____；觸發導通後保持導通的最小電流稱為_____。

第 6 章 重點掃描

1. 二極體具有單向導通特性。順向導通時 P 極電位必須高於 N 極 0.6 ～ 0.7V，稱為切入電壓（矽質 0.6 ～ 0.7V；鍺質 0.2 ～ 0.4V）。

2. 二極體逆向電流與逆向偏壓無關，與溫度成正比。

3. 二極體的極性判別可以使用三用電表或是數位複用表的歐姆檔。

4. 測量元件的動態特性，可利用示波器 X-Y 觀測的方式，將電壓變量輸入水平（X）軸；電流變量同時輸入垂直（Y）軸，就可以在示波器上得到元件動態特性曲線。

5. 示波器 X-Y 測量模式（李賽氏圖形觀測）可以用來描繪元件 V-I 特性曲線。

6. 電晶體具有電流放大特性。具有 E（射極）、B（基極）、C（集極）三極，分為 NPN 及 PNP 兩種結構。

7. 電晶體的接腳和極性可使用三用電表歐姆檔判別。

8. 電晶體主要參數包括：電流增益（h_{fe}）、漏電流（I_{CO}）、崩潰電壓（V_{BO}）、開關時間等。

9. 電晶體電流受到逆向漏電流的影響很大，$I_C = \beta I_B + (1+\beta)I_{CO}$，因此電晶體的熱穩定度不佳。

10. 電晶體開啟時間等於延遲時間與上昇時間之和，$t_{on} = t_d + t_r$；關斷時間等於儲存時間與下降時間之和，$t_{off} = t_s + t_f$。

11. 稽納二極體主要工作在逆向偏壓，具有定電壓的功能。

12. 稽納二極體主要參數包括：稽納電壓（V_Z）、逆向內阻（r_z）等。

13. 稽納二極體的逆向內阻必須由動態曲線求得，$r_z = \dfrac{\Delta V}{\Delta I}$。

14. 場效應電晶體為單載子元件（電晶體為雙載子元件），溫度穩定性較佳。

15. 接面型場效應電晶體（JFET）主要參數為夾止電壓（V_P）、輸出飽和電流（I_{DSS}）。

重點掃描

16. 單接面電晶體（UJT）結構類似 FET，非 PNPN 四層三接面結構，但具有負電阻特性，常用以組成振盪電路。

17. UJT 的主要參數為本質駐立比（η）等。

18. 矽控整流體（SCR）為 PNPN 結構，由閘極（G）控制導通。常用在功率控制電路。

19. SCR 主要參數為閘極觸發電流（I_{GF}）與保持電流（I_H）等。

課後習題 6

選擇題

( ) 1. 以下測量二極體極性方法，何者較簡便？　(A) 三用電表歐姆檔　(B) 電壓、電流表　(C) 示波器　(D) 曲線描繪器。

( ) 2. 使用三用電表歐姆檔測量二極體極性時，發現無論接腳如何連接都無法使指針偏轉，可能表示
  (A) 二極體特性極佳
  (B) 二極體燒毀
  (C) 三用電表沒有做零歐姆調整
  (D) 三用電表檔位不合。

( ) 3. 三用電表測量二極體時，若順向偏轉 LV 讀數 0.6V；LI 讀數 12mA，此時二極體順向電阻應為
  (A)500　(B)50　(C)200　(D)20　Ω。

( ) 4. 使用示波器 X-Y 模式測量二極體動態特性時，偏壓可使用
  (A) 半波整流正弦波　　(B) 大於 5V 直流
  (C) 方波　　　　　　(D) 以上皆可。

( ) 5. 二極體開關時間愈短，表示工作頻率
  (A) 愈高　(B) 愈低　(C) 無關　(D) 視偏壓而定。

( ) 6. 使用歐姆檔測量電晶體接腳，若測量後僅有其中兩隻腳有導通現象，則表示
  (A) 接黑棒導通的為 B 極　　(B) 為 PNP 型
  (C) 接紅棒的為 E 極　　　(D) 電晶體損壞。

( ) 7. 電晶體漏電流測試時，工作偏壓為
  (A) 順向　(B) 逆向　(C) 以上皆可　(D)PNP 順向、NPN 逆向。

( ) 8. 若電晶體溫度上升，漏電流應
  (A) 上升　(B) 下降　(C) 不變　(D) 先上升後下降。

(　　) 9. 測量電晶體漏電流時，測得 $I_{CBO} = 2\mu A$，$I_{CEO} = 100\mu A$，則可推估電晶體 h_{fe} 值應為　(A)49　(B)50　(C)51　(D)55。

(　　) 10. 測量電晶體電流增益時，偏壓必須設計在
(A) 截止區　(B) 工作區　(C) 飽和區　(D) 以上皆可。

(　　) 11. 測量電晶體崩潰電壓，偏壓必須設計在
(A) 截止區　(B) 工作區　(C) 飽和區　(D) 以上皆可。

(　　) 12. 測量電晶體時間特性，由輸入波形上升到 10% 最大振幅開始，到輸出波形上升到 90% 最大振幅時間稱為
(A) 延遲時間　(B) 上升時間　(C) 儲存時間　(D) 下降時間。

(　　) 13. 稽納二極體主要工作於
(A) 順向偏壓　　　　　(B) 逆向偏壓
(C) 以上皆可　　　　　(D) 視工作需求而定。

(　　) 14. 稽納二極體內阻愈大，電壓調整率
(A) 愈小　(B) 愈大　(C) 與內阻無關　(D) 稽納電壓小於 6V 時愈大，小於 6V 愈小。

(　　) 15. JFET 正常工作時 G、S 極應加何種偏壓？
(A) 順向偏壓　(B) 逆向偏壓　(C) 交流偏壓　(D) 以上皆可。

(　　) 16. JFET 當 $V_{GS} = V_P$ 時，I_{DS} 為
(A)0　(B)I_{DSS}　(C)I_{DSS2}　(D)$(I_{DSS} - 1)^2$。

(　　) 17. 使用三用電表歐姆檔測量 UJT 時，若其中兩接腳接紅、黑棒皆導通，則另一隻腳為
(A)B_1　(B)B_2　(C)E　(D)G。

(　　) 18. UJT 的本質駐立比（η）愈高，則 V_P 應該
(A) 愈高　　　　　　　(B) 愈低
(C)η 值小於 0.6 愈高　　(D)η 值大於 0.6 愈低。

(　　) 19. 使用三用電表歐姆檔測量 SCR 時，僅有一種連接情況會使歐姆表導通，此時黑棒所接的接腳為
(A)G　(B)A　(C)K　(D) 不一定。

(　　) 20. 測量 SCR 時發現當閘極開路時，V_{AK} 只要大於 35V，就有導通現象，則此 35V 為
(A)V_G　(B)V_B　(C)V_{BO}　(D)V_H。

問答題

1. 二極體的順向電壓與逆向電流都受到溫度的影響，要如何做才能測量二極體順向電壓、逆向電流與溫度的關係？
2. 試比較 FET 與 BJT 兩者特性的差異？何者為電壓控制元件，何者為電流控制元件？
3. 測量電晶體漏電流時，分別增加逆向電壓以及用烙鐵對電晶體加熱，試問兩種方法何者對電晶體漏電流影響較大？為什麼？
4. UJT 與 JFET 結構上有其相似之處，試討論兩者結構之異同？
5. 試以特性曲線的變化，說明 SCR V_B 與 I_{GT} 之間有何關係？

7 放大電路特性測量

7-1 輸入阻抗與輸出阻抗測量

7-2 增益測量

7-3 頻率響應測試

7-4 失真測量

7-5 雜訊量測

7-1 輸入阻抗與輸出阻抗測量

信號源產生的微小電信號，輸入到放大電路時，必定先與輸入阻抗相耦合。信號源若為電壓源的形式，放大器的輸入阻抗應愈大愈好；反之，信號源為電流源的型式，輸入阻抗應愈小愈好，才能有最佳的信號耦合量。

測量放大電路輸入阻抗的方式如圖 7-1，利用簡單的分壓原理就可以測量到輸入阻抗值。以電壓放大器為例，先將可變電阻 VR 調為 0Ω（電阻短路），輸入信號源使輸出能觀測到適當的電壓振幅 V，再調整可變電阻 R，調整到輸出電壓振幅為 $\frac{V}{2}$ 時，再取下可變電阻，測量其電阻值即為輸入阻抗值。

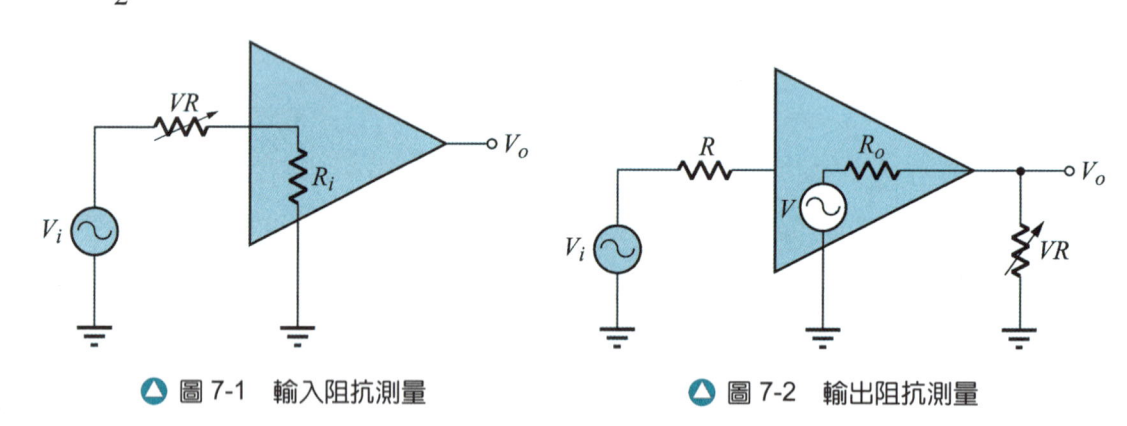

▲ 圖 7-1 輸入阻抗測量　　　　▲ 圖 7-2 輸出阻抗測量

信號經放大電路放大之後必須加到負載上，輸出阻抗的大小也會影響到放大器的特性，如圖 7-2 所示，若以電壓方式輸出，輸出阻抗愈小愈好；以電流方式輸出，輸出阻抗則應愈大愈好。另外，負載要達到最大功率轉移也必須與輸出阻抗相同，由此可知輸出阻抗對於放大電路來說也是很重要的參數。

測量放大電路輸出阻抗的方式如圖 7-2 所示，與輸入阻抗測量的原理相同，先不加上負載可變電阻 VR（輸出開路），調整輸入信號源使示波器能在輸出端觀測到適當大小的電壓 V，再加上負載可變電阻 VR，調整 VR 到輸出電壓為 $\frac{V}{2}$，此時可變電阻值即為輸出阻抗值。

這樣的測量法當然會存在一定的誤差，像是輸入信號源的內阻以及示波器的內阻都會影響測量結果，不過在一般情形下，用來測量輸出入阻抗是非常簡單而有效的方法。

隨堂練習

1. 電壓放大器輸出、輸入阻抗測量電路由_____、_____組成。
2. 輸出端負載電阻等於_____時,輸出電壓為無載電壓一半。

7-2 增益測量

放大電路輸出信號量與輸入信號量的比值稱為增益,即是一般所稱之放大率。增益依電信號的形式可分為電壓增益、電流增益以及功率增益:

電壓增益定義為輸出電壓與輸入電壓的比值:$A_V = \dfrac{V_o}{V_i}$

電流增益定義為輸出電流與輸入電流的比值:$A_I = \dfrac{I_o}{I_i}$

功率增益定義為輸出功率與輸入功率的比值:$A_P = \dfrac{P_o}{P_i}$

增益通常以分貝(dB)為單位。分貝為電信號比例的對數值:

$$A_V = 20\log(\dfrac{V_o}{V_i})\;(\text{dB})$$

$$A_I = 20\log(\dfrac{I_o}{I_i})\;(\text{dB})$$

$$A_P = 10\log(\dfrac{P_o}{P_i})\;(\text{dB})$$

例題 1

試說明為何電壓、電流增益與功率增益 dB 值計算時對數乘積不同。

解 原始分貝的定義是以功率比值為基準。為符合人耳對音量的響應,音響輸出功率的大小取對數值稱為貝爾(Bell):

$$\text{Bell} = \log(\frac{P_o}{P_i})$$

由於使用貝爾做單位太大不合實用,因此取其 $\frac{1}{10}$ 稱為分貝(dB,d = 10^{-1})成為實用單位。功率使用分貝做單位,則應取功率比值的對數值再乘 10 倍:

$$A_P(\text{dB}) = 10\log(\frac{P_o}{P_i})$$

因為 $P = I^2 \cdot R$

$$\therefore A_P(\text{dB}) = 10\log(\frac{P_o}{P_i}) = 10\log\frac{I_o^2 \cdot R_o}{I_i^2 \cdot R_i} = 10\log(\frac{I_o}{I_i})^2 + 10\log(\frac{R_o}{R_i})$$

$$= 20\log(\frac{I_o}{I_i}) + 10\log(\frac{R_o}{R_i})$$

同理 $P = \frac{V^2}{R}$

$$\therefore A_P(\text{dB}) = 10\log(\frac{P_o}{P_i}) = 10\log\frac{\frac{V_o^2}{R_o}}{\frac{V_i^2}{R_i}} = 10\log(\frac{V_o}{V_i})^2 + 10\log(\frac{R_i}{R_o})$$

$$= 20\log(\frac{V_o}{V_i}) + 10\log(\frac{R_i}{R_o})$$

可知由於功率與電壓、電流具有平方關係,若不考慮電阻比(電阻相同比值為 0dB),分貝乘積為 20。

測量增益的方式是直接測量輸入及輸出的電信號量,再求取其比值。

例題 2

如圖使用示波器測量放大器電壓增益，若時基線調整於中線，CH1 測量輸入電壓，CH2 測量輸出電壓，試求電壓增益？換算成 dB 值為若干？

解
$V_{i(P-P)} = 0.8 \text{ DIV} \times 2\text{V/DIV} = 1.6 V_{P-P}$
$V_{o(P-P)} = 5 \text{ DIV} \times 2\text{V/DIV} = 10 V_{P-P}$
$A_V = \dfrac{V_o}{V_i} = \dfrac{10\text{V}}{1.6\text{V}} = 6.25 \quad \text{dB} = 20\log A_V = 15.9\text{dB}$。

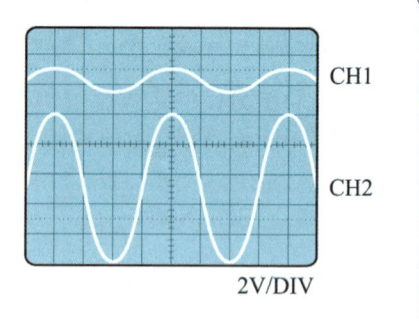

另外，功率增益也可藉由電壓增益及電流增益來間接測量。

$$A_P = \dfrac{P_O}{P_I} = \dfrac{V_O \cdot I_O}{V_I \cdot I_I} = A_V \cdot A_I$$

例題 3

已知一放大器電壓增益為 20dB，電流增益為 20，試求功率增益？

解
$20\text{dB} = 20 \log A_V$，$A_V = 10$
$A_P = A_V \times A_I = 10 \times 20 = 200$
$\text{dB} = 10 \log 200 ≒ 23\text{dB}$。

dB 可用來表示增益比值的大小，但是沒有基準參考值，因此不能表示功率（或電壓）大小。而 dBm 則是用來做為表示功率或電壓的單位，並非是增益比值單位。

隨堂練習

1. 輸出信號量與輸入信號量的比值稱為_____，即是一般所稱之放大率。
2. 增益常以_____為單位，其值為電信號比例的對數值。

7-3 頻率響應測試

　　放大電路受到電路設計及元件特性的影響，增益具有頻率特性。通常會將增益與頻率的變化關係以頻率響應曲線來表示，以方便了解放大器增益對不同頻率的變化，縱軸為增益；橫軸為頻率。其中 F_L 為低頻截止頻率，F_H 為高頻截止頻率，截止頻率點之增益為正常工作增益的 $\frac{1}{\sqrt{2}} = 0.707$ 倍，化為 dB 值約為 -3dB。

　　圖 7-3 為使用信號產生器及示波器測量放大電路的頻率響應的方法。先將信號產生器頻率定在 1kHz 的正弦波輸出，調整信號波幅使輸出端能在示波器上觀測得到適當的波形 V_O，並計算其電壓增益。接著調高信號產生器頻率，使輸出端波幅等於 1kHz 時的 0.707 倍（$\frac{V}{\sqrt{2}}$），即得到高頻截止頻率；同理，調低信號產生器頻率，使輸出端波幅等於 1kHz 時的 0.707 倍（$\frac{V}{\sqrt{2}}$），即得到低頻截止頻率，並描繪在圖紙上，接著在各頻率點中各選取數點不同頻率信號，依照同樣原則測量其增益大小，同樣繪圖紙上，就可以得到如圖 7-4 之放大器的頻率響應曲線。

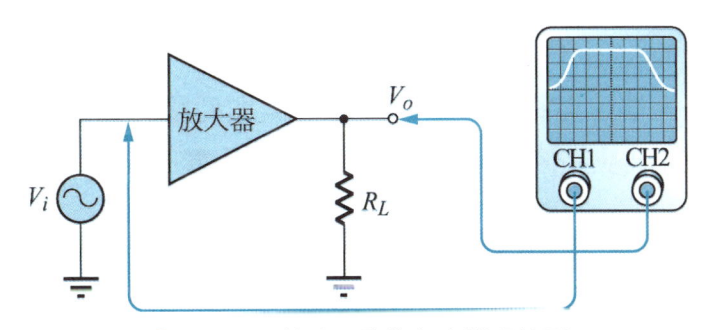

▲ 圖 7-3　放大電路的頻率響應繪測

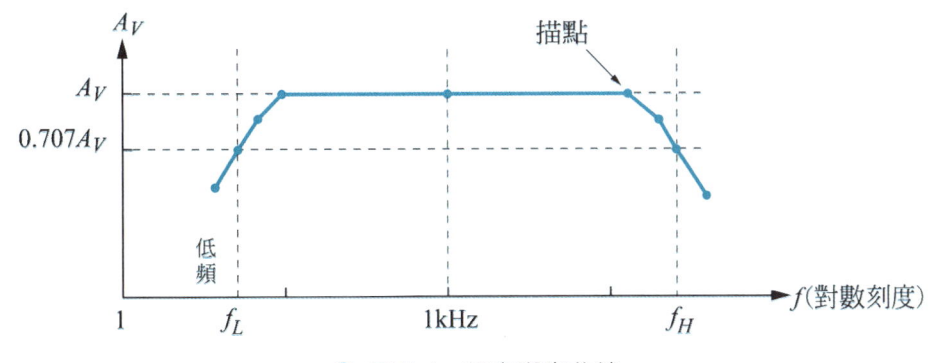

▲ 圖 7-4　頻率響應曲線

圖 7-5 為使用示波器 X-Y 觀測功能量測頻率響應曲線。由掃描波產生器輸出一固定電壓波幅之頻率掃描信號，加到待測電路。信號經待測電路放大之後加到檢波探棒取出波峰值，輸入示波器垂直輸入端做為垂直軸的波幅指示量，同時掃描信號產生器送出一與掃描頻率同步的鋸齒波到示波器水平輸入做為水平軸的頻率指示量，如此即能在示波器上觀測頻率響應曲線。但是水平軸不易取得頻率刻度，因此若要指示確實的頻率點，則再加入標誌產生器信號以指示特定頻率點，如此只需要讀取標誌信號產生器的信號頻率刻度就能明確得知指示點的頻率。

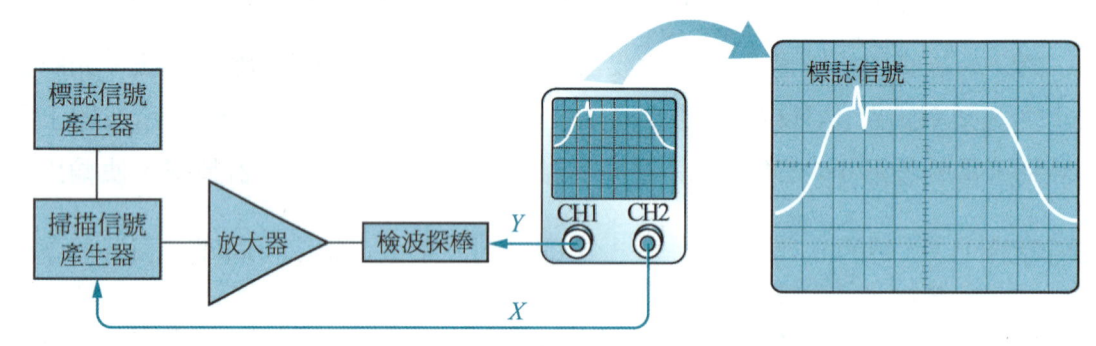

▲ 圖 7-5 示波器掃描觀測頻率響應曲線

除了以上各種量測方式，亦可以使用頻響繪測儀來自動繪製頻率響應曲線。圖 7-6 為 LEADER 公司 LFR-5601 頻率響應繪測儀。測量方式如圖 7-7 所示，由頻率掃描信號產生器（Sweep oscillator），輸出一頻率掃描正弦波信號，加到待測放大器輸入端，再將放大電路輸出信號加到繪測儀的輸入端，啟動掃描（START），就會自動在圖紙上繪製放大器的頻率響應。

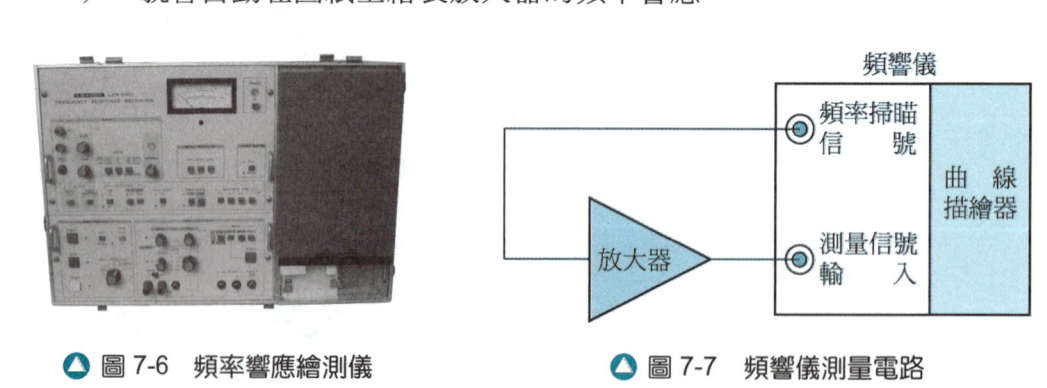

▲ 圖 7-6 頻率響應繪測儀　　▲ 圖 7-7 頻響儀測量電路

隨堂練習

1. 截止頻率點之增益為正常工作增益的_____倍，化為 dB 值約為_____dB。
2. 截止頻率點之間的頻率間距稱為_____，用以衡量放大器的頻率特性。

7-4 失真測量

7-4-1 諧波失真測量

當放大器由於工作點設計不良或是因為元件的非線性特性造成輸出波形形變時，即產生諧波失真。如圖 7-8(a) 之波幅失真即是由於工作點設計不當或因為輸入電壓太大超出放大電路工作範圍造成輸出波形被截切；圖 7-8(b) 之交叉失真則是由於 B 類放大電晶體 V_{BE} 切入電壓造成的失真。

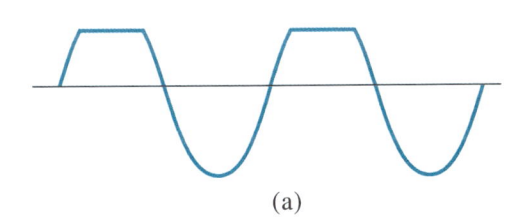

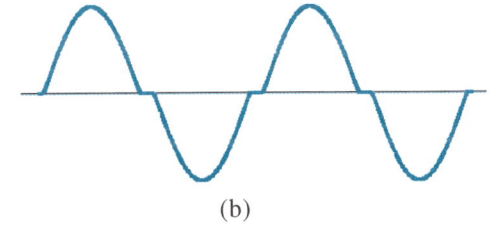

(a)　　　　　　　　　　(b)

▲ 圖 7-8　諧波失真波形

所有波形都可以用正弦波的傅立葉級數來組成，也就是說只有純粹的正弦波不具有諧波成分，其餘波形皆含有諧波成分。因此，當波形經過放大之後產生形變時，同時也就產生原來不存在的諧波。諧波失真就是以基本波及諧波成分的比值來表示：

假設放大器的輸出波形基本波波幅為 E_1，同時具有諧波成分大小為 E_2、E_3、E_4…。

各次諧波失真率定義為：$D_2 = \dfrac{E_2}{E}$，$D_3 = \dfrac{E_3}{E}$，$D_4 = \dfrac{E_4}{E}$ …

總諧波失真率定義為：$D = \sqrt{D_2^2 + D_3^2 + D_4^2 + \cdots}$

測量總諧波失真率常用失真儀，失真儀測量之失真百分比為總諧波失真（THD，Total Harmonic Distortion）。諧波失真儀的原理是使用高 Q 值帶通濾波器濾除波形中的基本波成分，所留下的波形即為所有諧波的

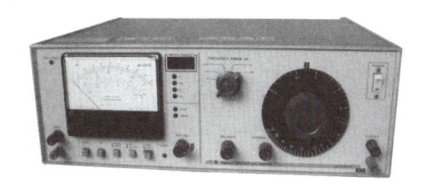

▲ 圖 7-9　失真儀

總和，依此指示總諧波失真度，圖 7-9 即為 National VP7701A 失真儀。

使用失真儀測量諧波失真的步驟如下：

1. **選擇測量失真功能**：按下「DIST/LEVEL」按鍵選擇測量失真（distortion）。
2. **選擇失真百分比指示**：「dB／%」按鍵處於放開狀態，表示指針指示值為 %（黑色刻度）。
3. **選擇指針倍率為自動調整**：「HOLD/AUTO」按鍵處於放開狀態，使指針倍率指示表（METER／RANGE）自動跳檔。
4. **確定波幅範圍**：調整輸入失真儀信號，使「UNDER」（信號太小）及「OVER」（信號太大）的警示燈號在熄滅的狀態。
5. **調整頻率使指針偏轉變小**：先選擇粗調頻率範圍（FREQUENCY RANGE），再調整細調刻盤（VERNIER），調整接近基本波頻率時會看見指針偏轉開始急速下降。若無法調整使指針下降，則可調整平衡（BALANCE）旋鈕使指針下降。
6. 當頻率接近到基本波頻率 10% 之內，「AUTO TUNING」燈號亮起，表示電路開始自動量測失真率。此時 METER／RANGE 的指針倍率指示值會下降，依照倍率指示表的數字選擇刻度（有滿刻度為 1 及滿刻度為 3 兩種刻度），讀取指針指示值再乘以倍率即可得總諧波失真率。

此外，亦能使用頻譜分析儀測量各諧波波幅，計算出其諧波失真率。

例題 4

如圖為放大器輸出端的頻譜分析結果，若輸入信號為 10kHz 的理想正弦波，試計算各次諧波失真率及總諧波失真率：

解 $E_1 = 10V$，$E_2 = 3V$，$E_3 = 1V$

$D_2 = \dfrac{3}{10} = 0.3$，$D_3 = \dfrac{1}{10} = 0.1$

$\text{THD} = \sqrt{D_2^2 + D_3^2} = 0.32 = 32\%$。

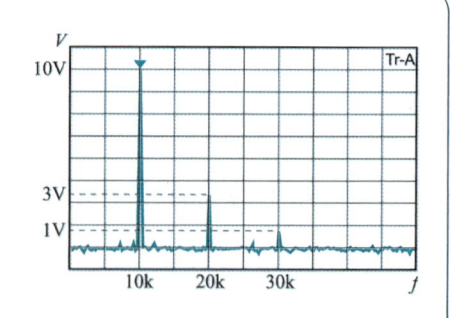

7-4-2 互調失真測量

兩個不同頻率的信號加到同一個放大器,會有混波的效果而產生低頻信號與高頻信號振幅調變的情形,稱為互調失真(Intermodulation distortion)。

圖 7-10 為測量互調失真電路,由振盪產生 7kHz 與 60Hz 信號加到待測放大電路中,輸出再經由高通濾波器濾除 60Hz 信號,即能得到如圖 7-11 之 7kHz 振幅調變信號,測量此信號的調幅百分比,即為互調失真百分比。

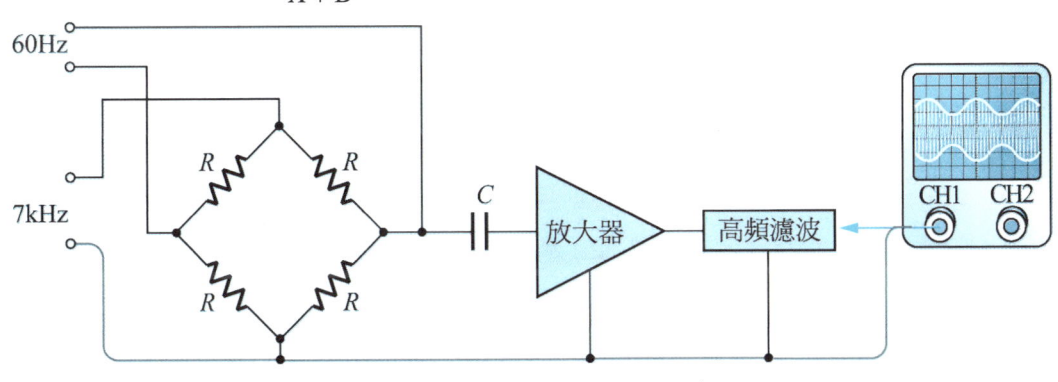

$$IM\% = \frac{A-B}{A+B} \times 100\%$$

△ 圖 7-10 互調失真測量電路

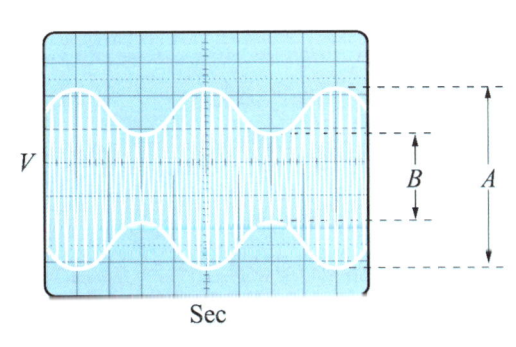

△ 圖 7-11 互調失真測試波形

隨堂練習

1. 放大器的失真可以使用_____直接測量,測量所得數值為放大器的總諧波失真率。
2. 分析波形的各次諧波成分可使用_____。

7-5 雜訊量測

雜訊的定義非常廣泛，可以說泛指放大電路輸入信號之外的電信號都可以稱為雜訊。雜訊產生的方式及條件均不相同，測量的方式也隨之不同。基本上可以使用示波器或是頻譜分析儀來做觀測。

圖 7-12 為基本雜訊量測電路結構，將待測電路入端短路，理論上輸出應該沒有任何波形成分，若觀測到任何異常波形，即為雜訊成分。

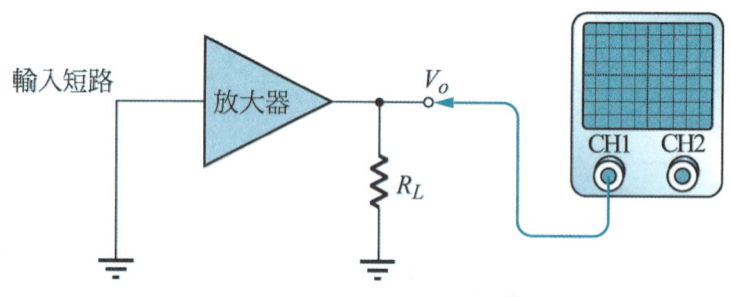

△ 圖 7-12 基本雜訊量測電路

放大器若具有雜訊成分，則會影響信號品質。雜訊對信號品質的影響，可以用信號雜訊比（S/N）來表示，信號雜訊比的定義：

$$S/N(\mathrm{dB}) = 20 \log \frac{V_s}{V_n}$$

其中 V_s 表示信號振幅，V_n 表示雜訊振幅。

若雜訊是週期性出現，使用延遲式示波器或是數位式示波器可以很容易的觀測到波形。

延遲式示波器與一般示波器不同之處在於具有三種波形顯示方式，A、A-INTENSE B、B。如圖 7-13 為其觀測波形，一般觀測時使用 A 模式，要觀測波形中某一位置成分時選擇 A-INTENSE B 顯示模式，波形會有一段亮度較高，此即為要觀測的部分波形。調整觸發位置旋鈕，可調整觀測的位置，調整 B 段的時間刻度則可改變觀測的範圍。調整完畢後選擇 B 模式，則示波器會將剛才顯示較亮部分的波形放大到整個螢幕，即可觀測到雜訊波形成分。

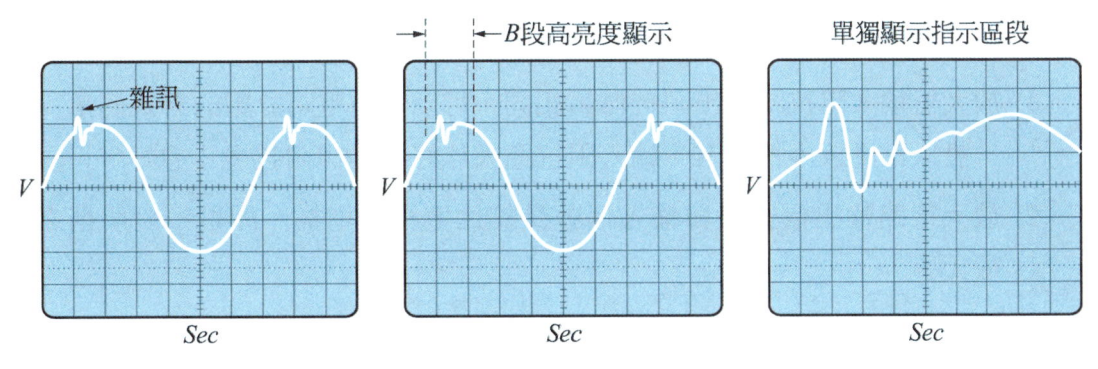

▲ 圖 7-13　延遲式示波器觀測雜訊

　　數位式示波器可選擇單擊觸發（Single shot）模式，當雜訊觸發時即可觀測到雜訊波形，或者可以等到雜訊出現之後按下停止鍵（STOP），停止示波器的取樣，再調整游標及刻度即可詳細觀測到雜訊波形。

　　此外，失真儀也有提供雜訊成分的量測功能，失真儀先選擇電壓準位指示功能「LEVEL」，調整參考準位調整「REF ADJ」旋鈕，使指針指在 0dB 位置。再移去放大器輸入信號源，選擇 dB 刻度指示，假設指計指示為 X dB，「METER/RANGE」顯示 Y dB，則信號雜訊比 $S/N = 0 - (X) - (Y)$ dB。

　　使用頻譜分析儀則是能觀測到特定頻率的雜訊成分。例如工業控制電路常受到馬達或是開關元件產生的雜訊干擾而產生誤動作，就可以利用頻譜分析儀標定雜訊產生頻率，再判別雜訊可能的來源以提供解決對策。

隨堂練習

1. 泛指除正常工作信號之外的電信號，稱為　　　　　。
2. 雜訊對信號品質的影響，可以用＿＿＿＿來表示。

重點掃描

1. 放大器輸入阻抗及輸出阻抗測量相同,可以使用電阻分壓的方式測量。一般以電壓放大器而言,輸入阻抗愈大愈好,輸出阻抗愈小愈好。

2. 放大電路輸出信號量與輸入信號量的比值稱為增益,即是一般所稱之放大率。

3. 增益依電信號的形式可分為電壓增益、電流增益以及功率增益。

4. 放大器增益常以分貝 (dB) 為單位:分貝 dB $= 20\log A_V$。

5. 增益測量可直接以示波器同時測量輸入、輸出電壓,經計算即可得 $A_V = \dfrac{V_o}{V_i}$。

6. 放大電路受到電路設計及元件特性的影響,增益具有頻率特性。通常以頻率響應曲線來表示增益隨信號頻率的變化。

7. 放大器頻寬為頻率變化使增益下降到中頻(1kHz)增益 0.707 倍(−3dB)時的頻率範圍。

8. 頻寬可以使用示波器直接觀測增益變化求得,或使用頻率響應繪測儀繪製頻率響應曲線。

9. 諧波失真使放大器輸出波形產生形變,常由於放大器工作點設計不良、元件工作於非線性區等原因造成。

10. 總諧波失真率定義為: $D = \sqrt{D_2^2 + D_3^2 + D_4^2 + \ldots}$

11. 測量總諧波失真率可使用失真儀;分析各次諧波可使用頻譜分析儀。

12. 兩個不同頻率的信號加到同一個放大器,會產生低頻信號與高頻信號振幅調變的情形,稱為互調失真(Intermodulation distortion)。

13. 雜訊的定義非常廣泛,可以說泛指放大電路輸入信號之外的電信號都可以稱為雜訊。

14. 放大器信號受雜訊影響的程度可以用信號雜訊比來表示。信號雜訊比的定義：

$$S/N \text{ (dB)} = 20\log \frac{V_s}{V_n}$$

15. 電路雜訊波形成分可以使用示波器或是頻譜分析儀測量，失真儀也提供測量信號雜訊比的功能。

課後習題 7

選擇題

( )　1. 理想小信號放大電路,輸入阻抗及輸出阻抗應各為
　　　　(A) ∞、∞　(B) ∞、0　(C) 0、∞　(D) 0、0。

( )　2. 後級放大器輸出接到喇叭,因此其輸出阻抗應該
　　　　(A) 小一點　(B) 愈大愈好　(C) 無關大小　(D) 應為 0Ω。

( )　3. 某放大器電壓增益 40dB,若最大不失真輸出電壓 10V,試求輸入電壓值為　(A) 1mV　(B) 10mV　(C) 0.1　(D) 1　V。

( )　4. 測試放大器時輸入 0.1mV 峰值電壓信號,測得輸出峰值為 0.02V,試求其電壓增益值
　　　　(A) 50　(B) 100　(C) 200　(D) 500。

( )　5. 某放大器輸入信號 1mV,輸出信號為 1V,試求增益值為
　　　　(A) 500　(B) 1000　(C) 30dB　(D) 40dB。

( )　6. 放大器電流增益為 5,電壓增益為 40dB,試求其功率增益值應為　(A) 50　(B) 500　(C) 625　(D) 1000。

( )　7. 測試放大電路特性時,信號頻率通常設定為
　　　　(A) 100　(B) 1k　(C) 10k　(D) 100k　Hz。

( )　8. 放大器的頻寬定義為放大器
　　　　(A) 3dB 增益　　　　　　(B) -3dB 增益
　　　　(C) 2 倍增益　　　　　　(D) 0.5 倍增益 之頻率間距。

( )　9. 放大器頻率響應測試,截止頻率增益為 1kHz 時增益的
　　　　(A) 1.414　(B) 1.5　(C) 0.707　(D) 0.5。

( )　10. 理想放大器頻寬應
　　　　(A) 愈大愈好　　　　　　(B) 愈窄愈好
　　　　(C) 與增益成正比　　　　(D) 視放大波形而定。

(　) 11. 以下何種儀表用來測繪放大器頻率響應？
    (A) 示波器　　　　　　　　(B) 波形分析儀
    (C) 頻響記錄器　　　　　　(D) 頻譜分析儀。

(　) 12. 電晶體乙類放大器工作點設計在截止點，因此會造成
    (A) 頻率失真　　　　　　　(B) 相位失真
    (C) 諧波失真　　　　　　　(D) 不會造成失真。

(　) 13. 何種失真會造成放大器輸出波形變形？　(A) 頻率失真　(B) 相位失真　(C) 諧波失真　(D) 以上皆不會有形變。

(　) 14. 下列何者可以直接測量放大器波幅失真量？
    (A) 示波器　(B) 頻響計　(C) 頻譜分析儀　(D) 失真儀。

(　) 15. 某放大電路輸入 10mV/100kHz 正弦波，以頻譜分析儀分析其輸出波形，得到 1V/100kHz、0.25V/200kHz、0.1V/300kHz 三個峰值信號，試求其總諧波失真率？
    (A)15%　(B)18.7%　(C)22.4%　(D)26.9%。

(　) 16. 數個不同頻率的信號加到同一個放大器，會產生低頻信號與高頻信號振幅調變的情形，稱為
    (A) 頻率失真　(B) 相位失真　(C) 諧波失真　(D) 互調失真。

(　) 17. 放大器的訊號雜訊比值
    (A) 愈大愈好　　　　　　　(B) 愈小愈好
    (C) 都一樣　　　　　　　　(D) 視放大器頻寬而定。

(　) 18. 某放大器輸出信號 0.2V，同時測得雜訊成份 0.001V，試求 S/N 比為　(A)23　(B)32　(C)46　(D)52　dB。

(　) 19. 觀測雜訊波形最好使用
    (A) 示波器　(B) 數位式示波器　(C) 頻譜分析儀　(D) 失真儀。

(　) 20. 若要觀測放大器由電源產生的雜訊，示波器同步選擇開關應置於　(A)INT　(B)EXT　(C)LINE　(D)EXT-H。

問答題

1. 舉例說明放大器的應用？除了放大電壓或電流之外，放大器還能提供哪些電路功能（例如：阻抗匹配）？

2. 測量放大器增益可否使用三用電表？如果可以，有哪些限制？

3. 若有三級放大器，第一級電壓增益 20dB，第二級電壓增益 40dB，第三級輸出 20dBm，設輸入電壓為 1mV，輸出阻抗為 1kΩ，試求其各級輸出電壓大小、輸出功率及總電壓增益。

4. 試問一般音響的頻率響應範圍？為何增益 0.707 倍稱為半功率點？

5. 如果製作電路時出現不明高頻雜訊，可以使用何種儀表測量？原因為何？

附 錄

附錄 A　電源供應器

附錄 B　信號產生器

附錄 C　習題簡答

A 電源供應器

A-1 電源供應器概論

電子電路功能及種類很多,但不論電子電路功能為何?基本上都是在處理電子訊號。由於交流電源本身也可視為訊號,會對電子電路造成不必要的干擾(例如:音頻擴大機的交流嗡聲),因此,電子電路中各種電路元件處理信號所需的能量,只能由直流電源提供。雖然直流電源電路製作並不困難,但一般還是會使用直流電源供應器(DC power supplier,或簡稱電源供應器)來提供相對穩定且方便使用的直流電源。

電源供應器需要提供穩定直流電壓輸出。所謂穩定,主要是指輸出的電壓值儘可能不隨負載(輸出功率)的改變,以電壓調整率($VR\%$)來表示。輸出無載及滿載電壓差異愈小,電壓調整率愈低愈好,理想為 0%。

$$VR\% = \frac{V_{NL} - V_{FL}}{V_{FL}} \times 100\%$$

V_{NL}:無負載電壓 V_{FL}:滿載時電壓

例題 1

若有甲乙兩電壓源,其空載電壓分別為 10V 及 100V,加上負載時的滿載電壓分別為 9V 及 95V,則乙電源下降了 5V 較甲電源下降 1V 為多,則 100V 乙電源的穩壓效果較差?

解 穩壓效果要比較,宜自電壓調整率來比,電壓調整率越小者越佳
依題目中條件計算出

甲電源的 $VR\% = \frac{10-9}{9} \times 100\% = 11.1\%$ 乙電源的 $VR\% = \frac{100-95}{95} \times 100\% = 5.3\%$

結果顯示,乙電源的穩壓效果較甲電源為佳。

直流電源電路結構可應用整流、濾波加上穩壓電路,或者使用交換式（Switching）電源電路。無論何種直流技術,輸出電壓中除了直流,都含有少數交流（變化）成分。輸出電壓中交流與直流比例稱為漣波百分比,漣波百分比愈小愈好,表示交流成分愈少。

$$漣波百分比（r\%）= \frac{漣波有效值\ (V_{r,\,rms})}{輸出平均值\ (V_{DC})} \times 100\%$$

例題 2

直流電源輸出 10V 直流電壓,負載端測得漣波有效值 0.05V,試求漣波百分比？

解 $r\% = \frac{V_{r,\,rms}}{V_{DC}}\% = \frac{0.05}{10} \times 100\% = 0.5\%$。

A-2 電源供應器使用

常見電源供應器依電源電路種類,可分為線性電源供應器及交換式電源供應器,線性電源供應器漣波較小,交換式電源則是容易小型化。如圖 A-1 為一般電源供應器外觀。

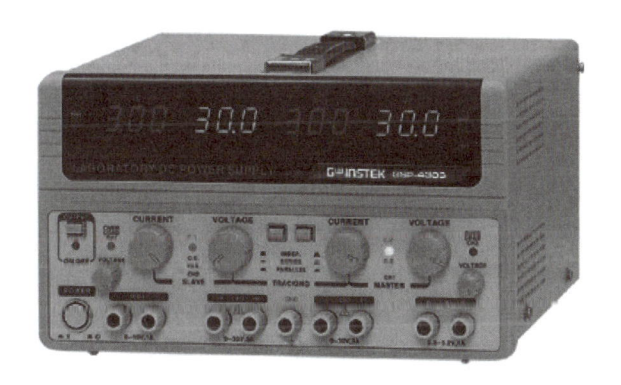

△ 圖 A-1　直流電源供應器

一般電源供應器有 2 組主要輸出：CH1（或稱為 Master）以及 CH2（或稱為 Slave），最大電壓 30V，最大電流 3A（可能依機種而有不同），另外也可能提供 2.2V～9V 不等的固定電壓輸出。

電源供應器的操作非常容易：

1. 電壓調整：調整個別電壓旋鈕「VOLTAGE」即可調整輸出電壓大小。
2. 電流調整：調整電源旋鈕「CURRENT」可調整最大輸出電流（限流）大小。調整值可以顯示幕上直接讀取，少部分機型需要按下選擇鍵才能顯示限流值。
3. 限流指示燈：電源供應器正常工作在固定電壓模式（C.V.）（綠色燈號），但當限流指示燈（C.C.）亮起（或轉為紅色），表示輸出工作在固定電流模式，此時電壓輸出會下降，但會依電流調整大小輸出固定電流。
4. 輸出按鍵：目前大部分電源供應器均有輸出按鍵「OUTPUT」，按下按鍵才有電源輸出，方便電路實驗關閉電源時，不需要常常拆開電源接線。

電源供應器的 2 組主要輸出，可串聯（serial）及並聯（parallel）工作。

按下按鍵選擇串聯工作模式時，CH1 的負極與 CH2 正極在內部相連接，此時輸出電壓僅能由 MASTER（CH1）側調整，2 組輸出相同電壓值以方便取用雙電源，如圖 A-2 為串聯模式。注意，做雙電源工作時，電源接地端為 CH1 的負極（或 CH2 正極），而不是 GND 端子（一般為綠色端子接頭），這個 GND 端子為機殼接地端。串聯模式除可提供雙電源工作之外，若由 CH1 正極與 CH2 負極兩端取用電源，則輸出為 2 倍電壓。

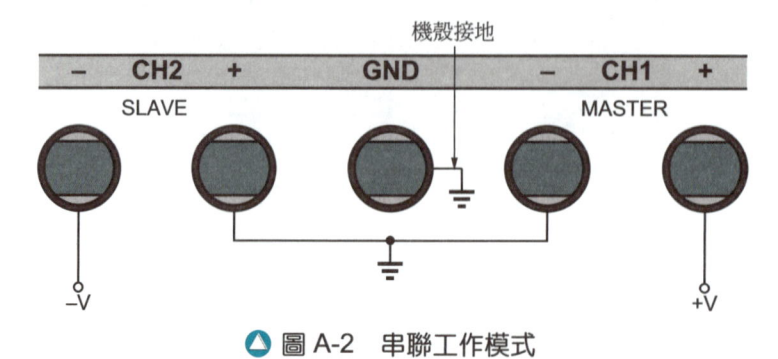

▲ 圖 A-2　串聯工作模式

並聯工作時則表示 CH1 及 CH2 正負對應相接，由 CH1 端取用電源，此時最大輸出電流增加為單側的 2 倍。

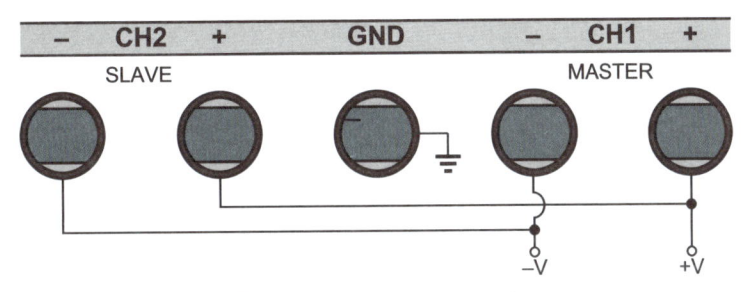

▲ 圖 A-3　並聯工作模式

另外常見的還有如圖 A-4 型式之可程式型電源供應器。操作方式與一般電源不同之處在於電壓及電流的設定可以使用數字鍵盤，或是如圖之多工旋鈕調整，配合顯示幕的指示，可以有更精確的電壓輸出值。此外，還可依照使用者的習慣，設定輸出參數，方便直接使用而不需時常調整。

▲ 圖 A-4　可程式型電源供應器

B 信號產生器

B-1　信號產生器

一般將提供電子電路所需信號的儀器通稱為信號產生器。常見的有較傳統的音頻信號產生器、函數波產生器以及數位式的任意波形產生器。

B-2　傳統信號產生器

傳統信號產生器產生正弦波、三角波及方波等三種電子電路基本波形信號，是以振盪電路產生基本波形，再以波形整形電路取得其他波形。圖 B-1 音頻信號產生器（Audio single generator），與圖 B-2 函數波信號產生器（Function-wave generator），不同之處在於音頻信號產生器是以韋恩電橋振盪器（Wien bridge oscillator）產生正弦波信號，再經樞密特電路取得方波，再由積分電路取得三角波，可取得標準正弦波，適用於音頻電路；而函數波產生器則是由米勒積分電路產生三角波，再由樞密特電路取得方波，再由梯型整形電路取得 " 近似 " 正弦波形輸出，由於工作穩定且容易調整，是實驗室最常見的信號產生器，但需注意的是若使用函數波產生器，輸出的正弦波形本身失真度就不小，較不適合音頻電路使用。

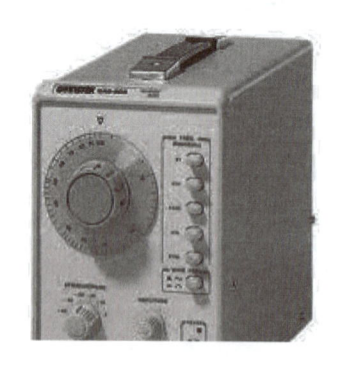

△ 圖 B-1　音頻信號產生器 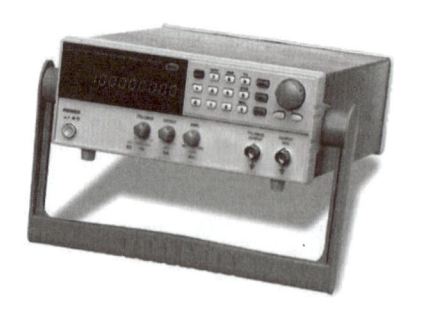　　　△ 圖 B-2　函數波信號產生器

無論信號產生器的種類為何，主要操作方式大致相同：

1. 輸出波形選擇：直接在面板上以按鈕選擇正弦波、方波或三角波輸出。部分具有數位式多工選擇的機型則是以功能鍵配合旋鈕選擇輸出波形。
2. 輸出頻率檔位選擇（粗調）：可依所需頻率範圍選擇 10kHZ、1kHZ、100HZ 或其他檔位頻率。
3. 輸出頻率調整（微調）：通常以旋鈕微調輸出的頻率值。可以在刻度盤或是顯示幕上指示實際輸出頻率值
4. 輸出振幅調整：由旋鈕調整輸出波形振幅大小。
5. 衰減比例調整：若輸出波形振幅過大，可以使用衰減按鍵（或選單）將波幅輸出衰減。通常比例有 −10dB、−20dB 等可以選擇。

依以上操作方式，即可調整出所需的波形輸出。而下面所列功能則為函數波信號產生器特有的操作：

1. 輸出直流準位調整（DC OFFSET）：拉出旋鈕（或開啟開關）可開啟直流準位調整，旋轉調整鈕可以調整輸出波形的直流準位值，預設（或關閉）時直流準位為零伏特。
2. 輸出對稱性調整（Symmetry）：即為工作週期（占空比）調整，可調整方波的占空比，對應在正弦波與三角波上即為調整波形對稱性。
3. 頻率掃描輸出（Sweep）：可以讓輸出波形頻率在一定的範圍內變化，可用於觀測電路的頻率響應。
4. 數位信號輸出（TTL/COMS）：開啟此功能時輸出為 TTL 或 CMOS 信號，表示輸出為方波，且電壓範圍符合 TTL 或 CMOS 的電壓規格（TTL 為 0~5V；CMOS 可調）。

部分函數波產生器機型甚至還具有外部調變功能，在此就不多加敘述。此外，函數波信號產生器通常都具有計頻功能。將所需測量信號輸入測量輸入端，調整檔位就可以在顯示幕上讀出待測信號頻率。

B-3　任意波信號產生器

　　任意波信號產生器（arbitrary waveform generator, AWG）為全數位化波形合成器，採用直接數位合成（direct digital synthesizer, DDS）技術，將所需波形資料以數位資料組合後通過低頻濾波器取得類比信號輸出，除了可輸出一般常用正弦波等波形之外，還可依照使用者的需要，輸出任意組合的波形。如圖 B-3 為固緯電子 AFG-2000 系列任意波形產生器，接著就依此機型為例，說明任意波形產生器的操作方法。

△ 圖 B-3　任意波形信號產生器

其面板如圖 B-4 所示，將各部分主要功能說明如下：

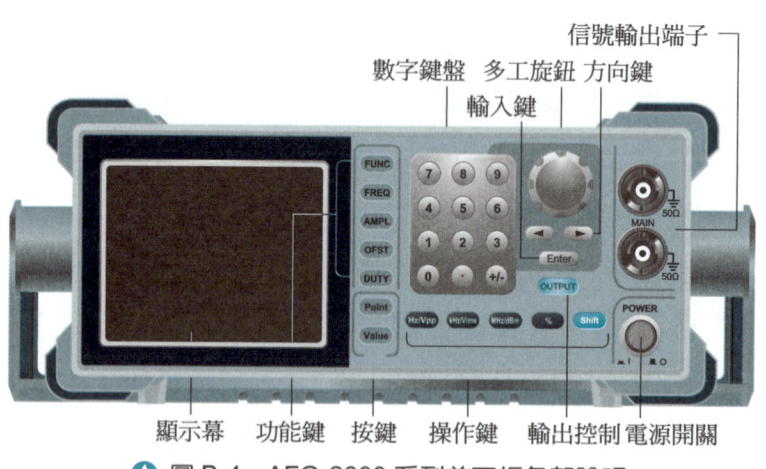

△ 圖 B-4　AFG-2000 系列前面板各部說明

1. 顯示幕：指示各項操作資訊。主要顯示幕指示輸出頻率，第 2 及第 3 次顯示幕指示波幅、直流準位或是 ARB 操作的控點編號及振幅數值。其他像是輸出波形及功能選項，也都會有特定位置顯示。

2. 數字鍵盤：輸入所需參數。

3. 功能鍵（Function keys）：選擇不同功能選項，如：選擇波形（正弦波）、設置頻率、波幅、直流準位及工作週期等。可在顯示幕上看到選擇的各項功能，並配合多工旋鈕及其他按鍵調整所需參數。

4. 操作鍵（Operation keys）：不同按鍵功能都標示在按鍵上，同時可配合「Shift」按鍵，操作多項功能。

5. 多工旋鈕：配合功能鍵，選擇所需功能與參數。

6. 方向鍵：選擇功能或參數。

7. 輸入鍵（Enter）：確定選取或輸入的項目。

8. 輸出控制鍵（OUTPUT）：開啟／關閉信號輸出。

9. ARB 按鍵：任意波形編輯按鍵，其中 Point 設置 ARB 點數，Value 可設置所選點的振幅，再依各編輯點組合出所需波形。

　　背面提供 USB 介面，可與 PC 連接，配合任意波形編輯軟體，可自由組合所需波形。

　　輸出波形主要操作方法如下：

1. 選擇輸出波形：按下「FUNC」功能鍵可循環選擇正弦波、方波、三角波、雜訊（noise）以及 ARB 波形。顯示幕上會有輸出波形的指示。

2. 調整頻率：按下「FREQ」功能鍵，使用多工旋鈕或數字鍵盤輸入所需頻率，同時可利用操作鍵選擇頻率單位「kHZ」或者「HZ」。

3. 調整振幅：按下「AMPL」功能鍵，使用多工旋鈕或數字鍵盤輸入所需振幅，同時可利用操作鍵選擇振幅指示為「Vpp」或者「Vrms」。

4. 調整直流準位：按下「OFST」功能鍵，使用多工旋鈕或數字鍵盤輸入所需電壓值，再按下操作鍵選擇「Vpp」。

5. 調整工作週期：按下「DUTY」功能鍵，使用多工旋鈕或數字鍵盤輸入所需頻率，再按下操作鍵選擇「%」。

6. 輸出波形：最後按下「OUTPUT」鍵即可輸出所設定波形。

　　若是輸出任意波形（ARB），則需依照所設定的點數反覆操作：

1. 選擇輸出波形：按下「FUNC」功能鍵可循環選擇 ARB 波形。

2. 調整頻率：按下「FREQ」功能鍵，使用多工旋鈕或數字鍵盤輸入所需頻率，同時可利用操作鍵選擇頻率單位「kHZ」或者「HZ」。

3. 調整振幅：按下「AMPL」功能鍵，使用多工旋鈕或數字鍵盤輸入所需振幅，同時可利用操作鍵選擇振幅指示為「Vpp」或者「Vrms」。

4. 選擇定位點：按下「Point」功能鍵，使用多工旋鈕或數字鍵盤輸入定位點號碼，例如：「0」，此時顯示幕會有閃爍「Point」字樣指示，最後再按下「Enter」鍵確認。

5. 調整定位點振幅：按下「Value」功能鍵，按下「±」鍵選擇振幅方向為正或負，再使用多工旋鈕或數字鍵盤輸入振幅數值，由於振幅解析度為10bits，因此可調整範圍為±511個點，例如：按下「±」，再輸入511，此時顯示幕顯示「−511」則表示波形在此點向下到最大振幅。

6. 重複定位動作直到完成波形設置。AFG-2000系列最多可定位4096個定位點，每個點間隔時間依設定頻率而不同。

其他功能如：FM、AM調變、FSK調變、頻率掃描等操作，在此不多做敘述，有需要時可參考儀表操作手冊。

C 習題簡答

第 1 章

隨堂練習

1-5

1. 種類，性質
2. 國際實用單位（SI 制）
3. 基本，導出
4. mm，kg

課後習題

1. (C)　2. (A)　3. (D)　4. (A)　5. (B)
6. (C)　7. (C)　8. (B)　9. (A)　10. (C)
11. (C)　12. (B)　13. (A)　14. (B)　15. (C)
16. (B)　17. (B)　18. (C)　19. (A)　20. (C)

第 2 章

課後習題

1. (D)　2. (C)　3. (A)　4. (D)　5. (A)
6. (C)　7. (B)　8. (A)　9. (D)　10. (B)
11. (C)　12. (C)　13. (C)　14. (C)　15. (D)
16. (B)　17. (C)　18. (C)　19. (B)　20. (D)

第 3 章

課後習題

1. (D)　2. (A)　3. (D)　4. (B)　5. (B)
6. (B)　7. (C)　8. (C)　9. (C)　10. (A)
11. (B)　12. (D)　13. (B)　14. (B)　15. (D)
16. (C)　17. (C)

第 4 章

隨堂練習

4-1

1. 歐姆表，間接，比較
2. 零歐姆
3. 電阻
4. 內阻值
5. 20kΩ
6. 50kΩ
7. 50kΩ

4-2

1. 電容表，LCR 電表，RC 充放電，諧振
2. 短路
3. 直流電阻
4. 63nF

4-3

1. LCR 電表，Q 表，電橋
2. 電容

4-4

1. 損壞
2. 高

課後習題

1. (C)　2. (D)　3. (B)　4. (C)　5. (B)
6. (C)　7. (D)　8. (A)　9. (C)　10. (D)
11. (B)　12. (C)　13. (A)　14. (B)　15. (D)
16. (A)　17. (B)　18. (A)　19. (A)　20. (D)

第 5 章

隨堂練習

5-1

1. 電壓，電流
2. 負載效應

5-2

1. 有效值
2. 視在功率，實功率，虛功率
3. 功率因素（PF）
4. 電位，電流
5. 1m，0.775V
6. 25W

7. 75nW

8. 0.5

5-3
1. 實量

2. 溫度差

5-4
1. 積算

2. 度

課後習題

   1. (B)   2. (C)   3. (B)   4. (D)   5. (A)
   6. (A)   7. (A)   8. (A)   9. (A) 10. (D)
11. (A) 12. (A) 13. (D) 14. (B) 15. (B)
16. (C) 17. (A) 18. (A) 19. (A) 20. (D)

第 6 章

隨堂練習

6-1
1. P，N

2. LV，LI

3. X-Y 觀測

6-2
1. 三用電表

2. 逆向

3. 三用電表，飽和

4. 下降時間

6-3
1. 逆向，稽納電壓，內阻，最大額定功率

2. 單載子元件

3. V_{GS}，電壓

4. 本質駐力比 η

5. 谷點電壓（V_V），保持電流（I_H）

課後習題

   1. (A)   2. (B)   3. (B)   4. (A)   5. (A)
   6. (D)   7. (B)   8. (A)   9. (A) 10. (B)
11. (A) 12. (B) 13. (B) 14. (B) 15. (B)
16. (A) 17. (C) 18. (A) 19. (A) 20. (C)

第 7 章

隨堂練習

7-1
1. 可變電阻，電壓表

2. 輸出阻抗

7-2
1. 增益

2. dB

7-3
1. 0.07 或 $\dfrac{1}{\sqrt{2}}$，−3dB

2. 截止頻率

7-4
1. 失真儀

2. 頻譜分析儀

7-5
1. 雜訊

2. 信號雜訊比（S/N）

課後習題

   1. (B)   2. (A)   3. (C)   4. (C)   5. (B)
   6. (B)   7. (B)   8. (B)   9. (C) 10. (A)
11. (C) 12. (C) 13. (C) 14. (D) 15. (D)
16. (D) 17. (A) 18. (C) 19. (B) 20. (B)

筆記欄

筆記欄

書　　　名	**電子儀表量測**
書　　　號	AB00203
版　　　次	2011年9月初版 2024年8月四版
編 著 者	位明先
責 任 編 輯	莊靜茹
校 對 次 數	8次
版 面 構 成	陳依婷
封 面 設 計	林伊紋
出 版 者	台科大圖書股份有限公司
門 市 地 址	24257新北市新莊區中正路649-8號8樓
電　　　話	02-2908-0313
傳　　　真	02-2908-0112
網　　　址	tkdbooks.com
電 子 郵 件	service@jyic.net
版 權 宣 告	有著作權　侵害必究 本書受著作權法保護。未經本公司事前書面授權，不得以任何方式（包括儲存於資料庫或任何存取系統內）作全部或局部之翻印、仿製或轉載。 書內圖片、資料的來源已盡查明之責，若有疏漏致著作權遭侵犯，我們在此致歉，並請有關人士致函本公司，我們將作出適當的修訂和安排。
郵 購 帳 號	19133960
戶　　　名	台科大圖書股份有限公司 ※郵撥訂購未滿1500元者，請付郵資，本島地區100元／外島地區200元
客 服 專 線	0800-000-599

國家圖書館出版品預行編目資料

電子儀表量測 / 位明先
-- 四版. -- 新北市：台科大圖書, 2024.08
　面；　公分
ISBN 978-626-391-045-4 (平裝)

1.CST：電儀器

448.12　　　　　　　　　　113001233

網路購書

勁園科教旗艦店
蝦皮商城

博客來網路書店
台科大圖書專區

勁園商城

各服務中心

總　　公　　司　　02-2908-5945　　台中服務中心　　04-2263-5882
台北服務中心　　02-2908-5945　　高雄服務中心　　07-555-7947

線上讀者回函
歡迎給予鼓勵及建議
tkdbooks.com/AB00203